天下文化
BELIEVE IN READING

只要比別人多2%就可以（新版）

蘇國垚 著

more than 2%

心理勵志BBP388B

自二〇〇四年《位位出冠軍》出版後，不知不覺竟又出了6本書。每本書的主題雖不盡相同，但總不脫兩個主題：以服務專業為主的工具書和人生及工作的勵志書。

除了新書推廣的簽書演講外，平常受邀外出演講時，常會有讀者拿書請我簽名，這些書上大都寫滿了註記及眉批，甚至有許多則是貼滿了彩色的標籤，再看這些讀者的眼神，多是認同的，是喜悅的，甚至可以看出些許的感激之意。對身為分享理念及經驗作者的我，知道自己的書能夠提醒或協助讀者在工作上解惑，進而建立信心及勇氣，真是感動萬分。

《只要比別人多2%就可以》是《位位出冠軍》的進階版，也是受邀去學校及公司行號最常用的主題。天下文化告知要改版，要我寫序，拿起書再翻一次，裡面的小巴已經在新加坡經營一家餐廳了，Eric也去大陸擔任集團中的一家旅館的客務部副理，他們都繼續在自己熱愛的產業中進步，連鈴木一朗已破了美日棒盟通算的4257

安打的紀錄，學生及畢業生也都可以告訴我要先定To Be再做To Do，也戲謔地開我的玩笑說他去我禁止他們去的藥妝店買東西……，但在不少的校園演講中，還是感受到台生與陸生強烈的差異，台生通常呆滯無趣，陸生則帶著充滿求知上進的眼神望著我尋求解惑；在企業內演講，舉例3×5=15、3×6=18及3×7=24的例子，幾乎所有人還是會指出3×7=24是錯的，就知道這本書應該值得再版，讓更多人分享。

有個朋友用Line傳了一則故事給我：有一位大學教授到鄉間做研究調查，主題是「婚姻及愛情」，遇到了一位農夫，教授請教農夫：「什麼叫做愛情，什麼叫做婚姻？」農夫不經思考回：「今天想跟她睡覺，明天還想跟她睡覺，叫做愛情。今天想跟她睡覺，明天得跟她睡覺，叫做婚姻！」好妙的回答。我們的人生中「想做」的事情比例高了，一定比「得做」的比例高，快樂許多。希望這本書可以幫助讀者，去調整自己的心態，讓「想做」、「願意做」、「快樂做」的事情多一點，那麼一定會快樂感恩的過日子了。

蘇國垚

2016年6月21日於高雄餐旅大學

如果，有位老師在你身邊⋯⋯

我常應邀到學校及企業演講，主題有快樂工作、創新、溝通、國際禮儀、優質服務⋯⋯等，有些學校年年邀請，有些企業也是持續邀我，希望我就不同的主題與其團隊分享。但因為自己的時間有限，無法一一答應，連系上的助理都知道用什麼方法替我回絕演講的邀約了。

從聽完演講後收到的來信，我發現其實不管是在學校讀書，或在社會上工作，人人都需要一個可以請教意見的老師，可惜身邊不見得有這樣的人。所以，每一個我教過的學生，只要有問題，不管畢業幾年都可以回來找我，我會提供「終身售後服務」。

這些年下來，學生面臨工作上的抉擇或是挑戰時，會來問我的意見。我除了是職涯顧問，還幫他們心理諮詢，不開心的，找我「拍拍」，我會罵罵他們再給他們「拍拍」，要哭的就哭，要聽笑話的有笑話。

我的工作就是幫助懵懵懂懂的學生找到方向，讓他們好好地拼出屬於自己的人生拼圖，至於拼出來是什麼樣子，那是他們自己的功課。

能一路陪著學生築夢，逐步完成夢想，就是莫大鼓勵。而且我的工作一點也不孤獨，學生們會用他們的行動鼓勵我繼續做下去，在演講的場合也常常收到聽眾立即的回饋，感謝我分享了職場的經驗。能得到他們的肯定，我很感激，知道自己做的事情確實有人珍惜、有人在乎，而且從中獲得啟發。這些激勵讓我更加確定投身於教育是對的。

但沒上過我的課的人，或沒聽過我演講的人，我該怎麼對他們釋放善意？我要怎麼鼓勵更多人？我一直相信，很多人都需要被拉一把，尤其是年輕朋友。我因此動了再出書的念頭，希望能分享經驗及想法給更多的人。

這本書要獻給我曾經教過、帶過的學生以及新世代的年輕人，希望他們能從本書中悟出快樂之道。

蘇國垚

2013年8月6日

做快樂的自己

我在二十四歲那年，就規劃好我的人生每二十年的目標：從七歲讀書到二十七，二十八工作到四十七，四十八教書到六十七，六十八玩樂到八十七，之後很有可能要從八十八躺到一百零八歲，當然，最好不要這樣收場。

立定了志向，每天生活按照規劃前進。想在大學教書要有博士學位，我沒有，就得靠專業經驗取得資格。所以二十四歲進入旅館業，我就立下目標一定要當上副總經理。即使在旅館鋪床、刷馬桶，我也很清楚自己正在累積專業，這是想成為老師的必經之路，所以做得心甘情願、比旁人更努力，更能忍受工作中必然的乏味與重複，因為有目標，一切考驗都歡喜自在。

三十六歲那年，我當上了亞都總經理，但我教書的志向依舊不變，朋友和工作同事當然會有不同的意見，希望我能留下。我說，身為亞都飯店總經理，我大概可以照顧組織內數百名員工，但如果能夠當老師，我可以影響許許多多的學生，讓他們到社會上服務更多人，這不就像孫悟空的法術，從身上拔下一撮毛，變出了好多好多徒子徒孫，力量不是更大！

當然，我不希望徒子徒孫都是我的複製人，我希望他們當自己，有自已的價值觀、有自己的夢想，變成一個又一個的發光體。

當了十三年總經理之後，時間一到，嚴長壽總裁也留不住我，只能放手讓我一圓老師夢。

前幾年我負責藍帶學院與高雄餐旅大學合作的高餐藍帶廚藝中心的開幕工作，學校同事說，你這樣要留職停薪，老師的年資中斷，會領不到終身俸！我說，我當老師又不是為了終身俸。而且，能幫一位學生找到自信心，比加薪五十萬還要爽！

我們學校紀律嚴格而且講究「做中學」，我常戲稱它是「陸軍官校小港分校」，規定每個學生都要掃校園。大一生六點半掃、大二生七點半掃，不到就算曠課！這十年來，我每天早晨看著許多學生像殭屍一樣出現在校園，面容呆滯、四肢僵硬走出宿舍到指定地點掃地，不知情的人還以為學校天天拍「陰屍路」。

而這「殭屍症候群」是會傳染的，問他們將來要做什麼？他們說不知道。問他們有什麼意見？他們說沒有。想關心他們，問他們在生活上有什麼問題？他們都說「還好」，總要一直追問，才知道他們腦袋裡全是困擾。

每年畢業典禮，我都覺得身上好像插了九把刀，好不容易鼓勵學生建立了自信、拉拔他們學會了旅館方面的專業，甚至可以出國去知名旅館工作、去深造……可是他們告訴我，「老師，爸爸媽媽說我還是去考公務員比較穩當……」

這些經歷刺激我想寫一本書。我其實只想告訴你，有你真好。你就是天使，可能翅膀暫時受傷了，但只要修復，就會飛得又高又快。你是忘了微笑的天使，深怕旁人撞到你已經受傷的翅膀，於是把翅膀收了起來，漸漸忘了自己曾經有會飛的羽翼。

偶爾你的「天使心」會跑出來。那時我會想起你們都曾經是好愛笑、好樂觀的小孩。直到國小四年級開始受到升學壓力、開始不能做夢。當父母問你未來想做什麼？你說想修車、開消防車，爸媽好失望，希望你可以做更好的工作，希望你忘記自己的夢想，完成他們想要的夢。

到了國中，課業變難了，挫折更多，很多學生決定放棄掙扎，乾脆隨波逐流算了。就連上了大學，挑選的科系也都是別人認為有前途的。到社會工作之後，你開始覺得自己什麼都不是。不再做夢、不再翱翔，你跟旁人一樣上網抱怨，說旁人住在天龍國，大家頭頂都一片烏雲。

但我們真的不在天龍國，我們都住在天使國。可能你還沒發現，但你就是天使，你就是最好的你。你可以很快記住旁人的臉、你總是會跟同學打招呼、你會主動幫忙擦黑板、你聽到好聽的笑話會哈哈大笑……，每個你，都是最好的你。

我每個學期會跟擔任導師班上的學生分別聊三十分鐘，聽他們的心情、問他們的生活，最後一定會告訴他們：「班上有你真好！」這句話像個魔咒，無論多麼落寞、失意、眼泛淚光的孩子，聽到這句話，眉心打開了，懂得笑了，走進來時還一蹶不振，談完、哭完後，蹦蹦跳跳的走出去。

我只是給了他們肯定，讓他們看到自己的優點，告訴他們擁有這些優點真好。可惜很少人願意認真的看待他們，發掘他們這一面，更少有機會讓他們自己發現這一面。我願意幫他們打上光、在優點上打圈圈，幫他們打跑心底的那個沒感覺、沒意見、沒生命力的殭屍，幫他們昭告天下：你看你看，真好！有你真好！

正在讀這本書的你，很可能一輩子沒有人讚美過你，但我一定要告訴你，「有你真好！」你願意打開這本書看，讓我們有機會交流，不是很棒嗎？

希望這麼美好的你，能夠活出美好的自己。

目錄

PART 2

只要比別人多 2% 的熱情，就會找到方向

PART 3

只要比別人多 2% 的積極，就會看到轉機

PART 4

只要比別人多 2% 的用心，就會表現亮眼

PART 5

只要比別人多 2% 的觀察，就有不同視野

2%

Part 1

只要比別人多2%的自信，就會閃閃發亮

我看到了你沒發現的優點

我特別喜歡在師生一對一談話時鼓勵、肯定學生，因為他們經過提點，後續爆發力往往最驚人。

「老師，我沒有優點……」

「你有！」

「那你舉例！」

「上次我咳嗽，你說，老師，你要小心感冒。我沒理你，可是我記住了。」

當天下課時間很多學生都在，大家鬧烘烘的，只有這個學生注意到我咳了兩聲，可能感冒了。這就是優點。

「上課的時候，老師說笑話，只有你跟他、還有他，會一直笑，鼓勵老師繼續講下去。」

「老師，這也叫優點？」

「是啊！大多數的人都捨不得笑，但你會笑，這就是優點。當大家都像殭屍一樣，只有你笑嘻嘻的，像個笑福神。」

說出他的優點，改變他看自己的方法，就能改變他的一生。

現在台灣學生面臨超級大的競爭市場，有人資質與境遇都在頂端，不太需要老師協助；有人在底端，讀大學已經超過他能力所及，自知不是讀書這塊料，老師也幫不上什麼忙。

大多數人是處在兩者之間這層「中等資質」，他們沒傑出到引人矚目，又不致絕望到自我放棄，但缺乏自信，每天只是「求生存」，不知道自己有什麼價值。對於這樣的學生，我覺得老師的功能不在要求學生立志做大事，而是讓他發現自己的優點，願意肯定自己。

當他們看到了自己的優點，有了信心，往往會做出令人驚訝的成果。而且中等資質的人比較不容易自滿、自負，肯虛心學習，只要給他們鼓勵與肯定，給他們機會，他們會非常珍惜。

喜歡自己的不同

某一天，我「外賣」到某個旅館上課，發現一位在廚房實習的學生非常專注聽我說話，頻頻以眼神與我互動，該笑就笑，該「哇」就立刻「哇」，該「嗯」就「嗯」，即時給出情緒上的回饋，說實話，我真喜歡這樣的學生。下課後告訴主廚這個學生好專心，可以好好教他。主廚說，「可是他不太會寫字！」

我很驚訝，不會寫字那要怎麼學、怎麼記錄呢？一看他的筆記，哇！裡面都是圖畫，原來他習慣邊聽課邊畫出自己看得懂的筆記、食譜，畫出所有配料、分量、步驟與祕訣。而且他擁有敏銳的味覺，對味道掌握得特別好，煮出來的菜也好吃，長相胖胖的很討喜，讓我留下深刻的印象。

隔天到飯店餐廳吃早餐，遠遠就看到這個小胖子正在備餐檯處理培根，他肥嘟嘟的臉上堆滿笑容，端出一盤香酥培根，小心翼翼的放在保溫燈下，這樣的早餐不好吃才怪！

他樂於工作，在工作當中得到莫大的成就感，將來注定會成為好廚師。反觀旁邊正在煮麵的廚師，眉頭深鎖，表情苦楚，這麵煮出來都感覺不可口了。也許他在廚藝上比小胖子專業，卻不喜歡自己的工作，態度帶著專業的傲慢，如果他能多帶點笑容，會讓他的專業更出色。

目前旅館系的學生當中，約有三分之一覺得自己不適合從事旅館業，因為他們對自己的外貌、談吐、個性、語言能力感到不安，但又對這一行有莫名的憧憬與夢想，因此主動報考，好不容易考進學校，很辛苦的學習著。

這些學生對我來說都像是「少年PI的奇幻漂流」當中的老虎，每個人都很奇怪，都是不同的狀況，我得要想辦法了解他們，到底是孟加拉虎？還是東北虎？試著理解他們的世界，幫他們想辦法。

每個人都有優點，我的工作就是確保他們看到了自己的優點，而且學會發揮優點。每個人都是獨一無二的存在，所以更要喜歡自己的不同，讓人家看到你的不同，千萬不要為了迎合、討好而改成跟別人一樣，如果這麼做，那人生真是一點意思都沒有了！

可以陪老師吃個飯嗎？

上回參加了個學生的國外婚禮，我專程搭飛機去，當日回，因為隔天台灣還有重要的事情必須參加。那天颱風，飛機延遲了一陣子，愈等愈緊張，因為我很重視承諾，答應她會出席婚禮就一定要到，最後幸好趕上了！匆匆致上祝福，又趕搭飛機回台灣。

這位學生非常聰明，當年隻身在台灣，心底有很多結。她常找我傾訴，我也陪著她、開導她，漸漸了解了她的心事。她以為人生最大難關是感情挫折，其實，旁觀者的我聽出父母對她的影響，遠比其他的關係要深、傷害要大，讓她時時刻刻自責，任何事情都怪自己不好。

記得那天回到學校已經晚上十點，研究室的電話響個不停，我很驚訝怎麼會有人這麼晚打電話來。接起一聽，是這位學生。我跟她聊了一下，交換了上次聊天之後的近況與發展，順口問她人在哪裡，她說在六樓。我腦海中忽然「叮！」了一下，她的宿舍我知道，但那棟樓只有五層樓。

「六樓？你們不是只有五層樓？」

「老師，我在屋頂。」

一聽到「屋頂」這兩字，我全身冒起汗來，半夜沒事上屋頂？她應該是想著要跳下來吧！怎麼辦？我又不能說「不要跳！」深怕刺激了她。

學校每學期幫老師們安排心理輔導課程，有時講兩性平權、有時講性侵害，專家還指導老師們該如何與有自殺傾向的學生互動。來上課的專家說，許多要自殺的人並不是真的想死；通常會死於自殺，很多都是意外。他們只是想透過「我要自殺」這個訊息，告訴身邊信任或是親近的朋友「我需要幫助」。

萬一接到朋友想自殺的訊息，這時反應很重要，自殺傾向者很希望得到安慰，假使遇到一個朋友罵他「神經病！」或是找遍所有朋友都沒人理他，很可能一個衝動就造成遺憾了。

因此接到這通電話時，我立刻想起那位專家說，這時候要先帶離現場。「老師現在肚子很餓，你能不能來載我？」這學生很乖，聽到老師肚子餓，二話不說就騎小機車來載我，我緊張的抓著小車的把手，在小港街上找到開得很晚的小店，跟她聊到半夜一點多。

後來我跟她保持很好的關係，一路陪著她。畢業後她每年向我報告工作近況，遇到對象準備結婚，高興的問我願不願意當證婚人，我說，「不要，因為我年紀還不夠德高望重。」但承諾到時一定會參加婚禮。

看著婚禮上的她笑得很開心，多好！人生還是很美好的，不是嗎？

三分之一的爸爸

有個學生很聰明、很認真，而且成績很好，但爸爸始終覺得她不夠好。從小到大，只要發成績單，一回家爸爸就追問：「考第幾名？」「第二名。」「為什麼不是第一名？」學生哭著告訴我，「我都已經大學了！」

教書二十年，其中擔任專任老師十年，每學期我一定會跟班上五十個學生個別會談半小時。問他們生活上有什麼問題嗎？當學生回答：「還好啦！」通常都有問題。

這學生說從小學到大學，爸爸從沒滿意過，整天覺得她好差勁，她問爸爸為什麼不管姐姐的成績，爸爸說，「你姐姐沒救了！」一句話傷了兩個孩子的心。

天底下永遠都有人比自己漂亮、考試考得好、有人緣、表現優秀，這是一定的，如果真要比是比不完的，因此要跟這樣的爸爸相處，需要智慧。

我建議她用攻擊取代防守，當然不是去打爸爸，而是在爸爸發問之前先發制人。一回家不等爸爸問，自動站在爸爸面前報告成績：「爸爸我這次考第二名，王小明考第一名，但是我已經想好了下學期贏他的策略，考試前讓他吃瀉藥、再戳破他的腳踏車輪胎……讓他戀愛然後讓他失戀……然後讓老師找他麻煩……」

原本她反抗爸爸，現在改成順著爸爸的話，但是胡亂出招。爸爸心想這孩子怎麼把我的問題都說完了，那接下來該說什麼？爸爸問不出來，學生就不會受打擊，用搞笑化解了一次危機。

從小在這種壓力下長大，該打的是這個爸爸，為何不能看到孩子的優點？她成績已經這麼好了，為什麼不給她鼓勵？太可惜了！

我看到這個學生長期受傷的內心，很想抱著她哭。但因為這學生是女孩，我不能抱，只能開藥方。我說，「你每兩個月來找老師哭一次，老師給你靠，老師願意當你三分之一的爸爸！」

希望她能自此走出悶悶不樂的情緒，花點時間試著與爸爸用新的方法溝通，就算不成，起碼知道再過兩個月就可以談一談、大哭一場，知道自己並不孤單。

不要讓父母開你的車

五歲的時候，媽媽要我從汐止到南港買飼料。她告訴我該怎麼搭火車，但我小腦袋瓜想著如何省下這一塊五的車票，我決定沿著鐵軌走到南港，買好飼料再走回來，當場多出三塊錢的零用錢。

小學五年級的時候，爸爸要我拿著股票到台塑辦理過戶，一步步教我該怎麼做。我從來沒處理過這種事，但依照爸爸先前的指示，順利完成任務，覺得自己好厲害，信心飽飽，什麼困難我都不怕了。

現在的小孩根本沒機會接受挑戰，也沒機會從挑戰中培養自信心。大多數的孩子們從出生起就過著安排好的人生，爸媽可能在孩子出生那一年就已經遷好戶籍報好名，安排好孩子三歲該讀的幼稚園、六歲該讀的學校，甚至依照現在就業市場，幫他規劃好大學該讀什麼科系。

從小媽媽準備好書包、制服、早餐幫孩子塞進嘴巴，送上學、安親班、才藝班、補習班，接回家。就這樣持續到高中。我問，為什麼要接送？爸媽說，當然要，不然壞人綁架了孩子怎麼辦？

爸媽很少想一想，自己是不是也綁架了自己的孩子？小孩根本沒機會幫自己做決定、做判斷，他連自己要什麼都不知道。

有個高檔進口車的廣告很有意思，外面傾盆大雨，車庫門緩緩升起，等門全打開那一瞬間，雨停了，太陽出來了。這時浮現一行字，「眼前的風景，由你掌控」。說得太好了，眼前的風景本來就應該由你掌控，為何你要將選擇權都交給爸爸媽媽？等年老了才懊悔當年怎麼沒去做自己真正想做的事情？

每當畢業季節，都會有學生怯懦的跟我說，「老師，媽媽要我考公務員！」「老師！爸爸說去台電上班比較穩定。」聽完我只覺得自己是名作家九把刀，因為身上插了九把刀，每一把都是要放棄專業、改考公職的學生親手插在我身上，好心痛啊！為什麼要讓爸爸媽媽開你的車呢？為什麼不拿回方向盤的主控權呢？

用行動證明自己

有些學生規劃畢業之後要出國闖一闖，可是爸媽總覺得孩子吃不了苦，又怕他們真受了苦，百般勸阻。學生問我該怎麼辦？

我說，很簡單，寒假暑假回家做家事。一回家，看到媽媽在煮菜，主動問媽媽需不需要幫忙，陪她一起煮；看到地板髒了，拿起拖把拖乾淨；不等爸媽開口，家事全都主動做好。

學生問，「這樣有用嗎？」非常有用。以前媽媽喊你倒垃圾喊到明年都不理，現在居然自己主動問：「媽，垃圾車幾點來？我來打包拿下去！」以前過年大掃除都三推四阻，今年竟然自己主動洗窗戶，連催都不必催！他們會看到你的轉變。

爸媽的擔憂往往來自對孩子不信任，覺得孩子沒有思考能力，沒有能力照顧好自己，不知道怎麼規劃人生。當我們願意負起責任做家事，就能讓爸媽產生信賴感。不要急著講要出國留學的事情，先談談人生的方向，談談在學校的體驗、怎麼苦中作樂、學到了些什麼，讓父母明白你在想什麼。

有些父母反對小孩走旅館這一行，因為起薪低、工時長，又不輕鬆，當然勸阻。這時候該常常告訴父母在工作上遇到的好事，多跟他們分享些有意思的事情：「昨天我看到大明星誰誰誰！」「今天誰誰誰的記者會在我們飯店開的，他看起來就像是做過對不起人家的事情……」「今天我們飯店去做國宴外燴喔！」

這些生動的故事可以讓爸媽了解你的工作，當你表現出熱情，爸媽會覺得孩子的工作很重要；當你從工作中得到成就感，爸媽會感到欣慰；當你開始指導新人業務，他們會明白孩子不再是不懂事的小孩。眼前的薪水可能不多，但熬過了幾年之後升級加薪，二十年後可以出人頭地變成頂尖人士，他們會看出潛力。

爸媽的擔心往往是因為不了解，因為你封鎖了關於你的消息。透過做家事展現責任心，透過聊天讓他們明白你的理想以及工作上的狀況，讓他們看到你在工作上的成就，爸媽會支持的！

用點手段來獲取他們的芳心，要比頂撞或是冷戰來得更有效。接下來他們會想著該怎麼幫助你更傑出，開始問你既然要做這一行，要不要繼續進修？要不要資助你出國更上層樓？「賓果！」出國有望了！

如果有一天媽媽在市場買菜時告訴菜販，或是在家族聚餐時告訴親戚你的工作細節，「他一次可以端六個盤子呢！」「他服務過國宴喔！」「有個阿兜仔頭家說要找我女兒去他公司上班捏！」那表示她真的以你為榮！

別讓對話變成了對嗆

學生常覺得自己與父母有代溝，每次一談事情，結果都是被爸爸媽媽罵一頓，覺得他什麼都不懂。

想說服長輩，不管是老師、家長或是未來的老闆，得要挑時機、挑議題。當長輩心情好的時候，可以講；講出口的當下，能讓對方有深切的感受，也可以講。但千萬不要讓對方覺得你在刻意挑釁，跟他對嗆。

年輕人滿腔熱血又因為社會經驗少，對成敗較敏感，有時遇到打擊便一蹶不振，推不倒圍牆，就自怨自艾。其實條條大路通羅馬，這條路不通，找另一條路就好了。

我在公司裡想要推動一件事情時，如果老闆不聽，那我找老闆祕書聊天，找老闆太太聊天，讓他們來影響老闆。多跟同事聊聊，洗同事的腦，從地方包圍中央。換成學生的例子，爸爸頑固，可以多跟媽媽撒嬌，或先跟兄弟姊妹串通好，等你提到什麼事情，請大家在旁邊敲邊鼓，這也是地方包圍中央。

如果爸爸媽媽真的很難溝通，每次一講話都變成吵架，也許可以透過寫信來讓他們明白你完整的想法。上萬言書的好處，是他們可以冷靜下來讀，而且可以一看再看，不會因為雙方都在氣頭上針鋒相對，而讓裂痕愈補愈大洞。

寫萬言書時，要對自己的想法有十足把握才下筆。寫完最好一改再改、思考再思考。我習慣用手寫信，在傳統年代，運用高科技感覺比較厲害；但在高科技的年代，手寫反而顯出誠意，這也是有心機的。

手寫的好處是讓看萬言書的人更感動，就像現在流行手工饅頭、手工餅乾，能夠接到親手寫的書信，遠比電腦打字列印的更有心。字醜也沒關係，看信的人會覺得你字這麼醜還寫了這麼長的信，多感人！

萬言書寫好之後，我會放上一天，多看幾次再決定要不要送出去。因為激動時寫出來的文字往往也過於情緒化，等平靜下來，若發現書寫後已經發洩了情緒，事情根本不嚴重，就不必給長輩這封信了。

如果可以，萬言書完成後先請不相關的第三者幫忙看看（最好是找年紀、背景跟父母相符的長輩），才能客觀感受收信者的心情。千萬不能寫得太絕情，留點後路、留點面子、留個下臺階，都好。

我的信念是任何時候都不該趕盡殺絕，手下必須留點情。因為世界上沒有什麼事情是絕對的，沒有人絕對贏、沒有人絕對輸，很多事情都有灰色地帶，任何不好的事情，換另一個角度也有存在的價值，因此趕盡殺絕是很殘忍的事情。

若你已經進入社會，打算越級把萬言書遞給主管的主管，那一定要先搞清楚你們公司的生態，大老闆會不會直接把你的信交回你的主管？假如真的發生了這樣的事情，你能承受後果嗎？想清楚了再行動。

請記得，父母愛你，也想了解你，無論如何他們都會包容你；但老闆不是父母，他可能一火大就請你離職，因此務必記得多看幾次再出手，如果自己都不確定是否應給老闆這封逆耳萬言書，多考慮一下，想周全了再做。

從利他的角度出發，爭取該爭取的，如果這次沒能成功，不必灰心，任何事情都需要經常練習，多努力幾次，有了進展，就能掌握要點；接著從中得到成就感，就熟能生巧了。

我的課堂五大禁忌

每年新生入學的第一堂課，我就告訴他們上我的課有五大禁忌：「不可以喝含糖茶飲」、「不可以去占用騎樓的藥妝店購物」、「不可以上臉書」、「不可以聽 iPod」、「不可以看八卦報」。

一、不能喝連鎖茶飲店的含糖飲料——因為不健康。一杯含糖飲料裡面有很多顆方糖，喝了對身體沒好處，只會愈來愈胖，口渴還是喝水最好。

二、不能去占用騎樓的藥妝店購物——因為店家沒有公德心，居然把大量衛生紙陳列在騎樓做生意，嚴重影響行人走路，騎樓是大家的通道，不是他的店面。我還發現有警察取締的區域之內，藥妝店會很守規矩；只要是警察不管的街道，他們立刻擺滿衛生紙。顯見不是不知道，而是刻意這麼做。抵制也是透過行動告訴店家，我們有感覺、我們會思考，不要以為社會無感。

三、不可以上臉書——是希望學生能重視自己的隱私，不要什麼都攤在臉書上給旁人看。況且臉書需要經營，人家留言就需要回覆，所有人的時間都一樣多，何苦花那麼多的時間在臉書上？

四、不可以聽 iPod、MP3 ——年輕人很喜歡戴耳機聽音樂，而且調得很大聲，長久下來，聽力就衰退了，聽力一旦受損，就永遠無法復原了。

有個笑話說一位老將軍戴著助聽器，旁人問，「老將軍，您是在哪場戰役失去了聽力？」老將軍說，「去年生日，孫女送了我一台 iPod，我有一晚聽著聽著就睡著了，一覺醒來，就耳聾了！」

我可不希望學生從耳機直接換成助聽器，而且當捷運上每個人都塞兩個耳機，能夠不這麼做，才不隨波逐流。

五、不可以看八卦報——因為他們的新聞版面呈現社會扭曲的一面。當然，整份報紙也有好的訊息，像生活美語的專欄做得很好，週末有專門報導收藏的版面，也是其他報社很少注意到的領域，但這些優點無法抵消平常新聞造成的負面影響。

譬如未成年人上報也不打馬賽克，或是放明星走光照片、冷不防就出現血淋淋的現場照片，意圖勾引消費者的好奇心，為了譁眾取寵，想賭一賭有沒有人提出檢舉，這是不對的態度。

我請學生不要看八卦報，是希望他們擁有批判能力再讀，當能力還不足時，先不要看。有獨立思考能力的人，看到頭版頭條的反應不會是：哇啊，怎麼有這麼離譜的事。應該是：這樣的新聞為什麼需要放在頭版頭條？

打從新生入學的第一學期、第一堂課，我會在課堂上講解五大禁忌，而且反覆洗腦，希望將這些觀念扎根在他們腦中、養成習慣，就算離開校園也不會忘記。

這五大禁忌只是拋磚引玉，希望學生能夠好好思考生活當中的該與不該，設立自己的行為標準，不要活得像行屍走肉，能夠有自己的想法、有個人的獨特個性，更重要的是，能夠活得像自己。

講台下的風景

教學久了，從學生選擇座位，我就知道他們心裡想什麼，大概是什麼心態。像坐在第一排中央的，這些學生都是我的粉絲團，等於是演唱會的搖滾區，互動良好。往中間幾排坐的，對上課還有點意願，偶爾願意拋一句話來回應。

選擇後排位子的有三種情形，一是很聰明，但想保持距離看看你這老師有什麼料，可能眼光還帶點藐視。第二種是既然已經繳了學費而且沒法退款，抱著「那就進來坐坐吧！」的想法，不過心都不在教室內。

第三種最可惜，是缺乏信心，他們很可能在求學過程中曾經被老師或同學恥笑過，因此害怕與教室內的成員互動，深怕又受到傷害。我的眼光一去，他頭就低下，讓我格外注意到他們。

對於第三種學生，我的做法是找出他的優點，發現他畫圖畫得好，趁機稱讚他；當他上課回答了我的問題，或是主動發問，我會立刻把握機會，在下課時走過去告訴他剛剛表現得很棒。幾次之後，他人就活了起來，上課的眼神也不同了。

要跟學生培養出互動默契真的不容易。所以每次新學期一開學，我都會恐嚇大一的學生：「不想讀的話快退學，不只是退還我的課，而是快離開這學校，別讀了！」我很誠心的建議他們，如果感到後悔了、覺得這不是自己要的、覺得不喜歡這個學校、覺得不想讀書，趁現在快退學。因為開學三個星期之內退學，還能退回學費的八成。不想讀的話，趕快拿回八成學費回家去，不要浪費錢、浪費時間。

第四個星期開始，我會把大家都當自己的學生，不管將來是不是要走旅館這一途，還是拿到學位卻去考公務員，都好，都是我的學生，現在都要在這裡念書，都得為自己的將來做準備。

每年班級狀況都不同，有的很快熱，有的一個半月還炒不起來。知道一個班上活不活潑的最佳指標就是講笑話，如果沒有一人笑……那老師就知道出問題了。

可是許多慢熱的班級最後卻成了我最愛的班級，他們的慢熱只是表象。漸漸的，過去不願意抬頭看我的學生，願意看我了；從不發言的人，鼓起勇氣回應了。他們跟以前的我沒什麼不同，當年我也是傻傻的看著老師表演，發現怎麼有老師這麼厲害，可以把課本說得這麼生動有趣！當年老師在我十九歲的心中埋下了一粒種子，多年後發芽了，讓我執著於教學，不管是青光眼、閃到腰，都樂此不疲。

現在我很希望能夠把種子放進學生的心底，讓他們也對這個世界充滿了熱情與感動。我始終相信上課不只是教課，也在教做人，該怎麼喚醒學生內心的熱情？該怎麼關心他們，好讓他們也學會付出與關懷……老師往往不光是老師，必須懷抱著宗教家的情懷，才能做好這份工作。

仗勢的聰明

上學期我罵了一個學生，他是從杭州來高雄讀書的大陸學生，一看就知道是聰明人。一學期有九堂課，他選了課卻只出席兩堂。好不容易在走廊上遇到他，問他到底來台灣做什麼？是來把妹、逛夜市跟睡覺的嗎？

大老遠離鄉背井跑來台灣讀書，當然應該多向老師請教、跟同學互動，好好打開眼界，怎麼這麼「撿角」，一天到晚蹺課！他當然聽不懂台語，問我什麼是「撿角」，我說，就是沒希望了！

問他，從小到大，是不是很多老師對他說過同樣的話？他點頭說是，我確實不是第一個這樣規勸他的老師。我說，你有天分，卻不善用。我不是你的導師，其實沒必要跟你講這些，願意跟你講話，代表你有希望，真的應該振作起來！

不知道他接下來會不會改。能改，還有希望；不改，就可惜了。

資優生有個危機，在學校可能風光，但十年、二十年之後，表現最傑出的往往不是資優生。因為一聰明就「仗勢」，仗著自己條件好，什麼都不用心，如果不肯發現自己的不足、不先學會掏空自己，光靠資優是學不會任何本事的。

每個人都有自己獨特的天賦。資優代表某一部分的能力好，既然比旁人多了一點能力，更應該在行有餘力時幫助資質不好的人，例如當小老師拉同學一把，多發揮自己的資質助人，才能累積智慧。

今天我幫人，將來其他人也會以天賦回饋，可能做一桌好菜分享、可能聽他唱歌、可能他教我怎麼追女孩，等於以物易物，拿我的資優換你的資優，大家共榮。如果運動健將沒有旗鼓相當的對手，他的成績也好不起來，有了超強對手激發潛能，才讓表現超過預期。

因此拉同儕一把，讓第二名變強，自己也會變得更強，多好！如果光想踩著第二名，獨享贏的光環，實際上不會進步，頂多只是猴子山上的猴子王，當不成齊天大聖孫悟空。

現在台灣社會面對的競爭又跟過去不同，要從兩千三百萬人的世界進入與十三億人競爭的市場，競爭壓力大幅提高。原本優秀的人發現一山還有一山高，忽然從菁英變成中等資質，這時更需要懂得如何處理挫敗、學會謙虛，不自滿，看到其他人的優點，才能透過學習讓自己更好。

你的人生典範是誰？

跟學生聊天時，我喜歡問他們有沒有夢想，是什麼？

「你將來想做什麼？」

「不知道。」

「那，你將來不想做什麼？」

「……」

他們多半想了很久還是說不出個所以然。但同樣問題去問國小三、四年級的小學生，個個神采奕奕的說出將來想當警察、棒球選手、老師……。為什麼同一批人到了大學，夢想卻消失了？是不是我們的教育制度出了問題？還是他們發現有夢想不如考試考得好，課業壓力讓他們放棄了夢想？

忘記夢想，那就先問自己，你的人生典範是誰？找出一位你仰慕、而且感興趣的人。

我的典範是納爾遜將軍（Horatio Nelson）。小時候他跟哥哥上學時遇到大風雪，兩人看到雪這麼大，問爸爸是不是可以不上課？爸爸說，如果路很危險，你們當然可以不用上課，我不幫你們決定，以你們的榮譽心來判定。小小納爾遜上路，風雪果然大，哥哥說為何不回家算了，納爾遜說，我們不能回家，哥哥，一切都是榮譽！

聽了這個故事之後，我也要求自己要有紀律、榮譽與毅力。從讀書開始習慣早起，而且要求自己每天如此，一直到現在。

日本職棒明星鈴木一朗也是個有紀律的人，他在小學六年級的作文「我的志願」中寫下要當職棒選手，而且天天勤練不輟，就這樣一路打進日本職棒，再打入到美國職棒，並且在西雅圖水手隊時打出創造紀錄的262支安打，是當年的安打王，至今仍是美國職棒安打數的紀錄保持人。二〇一三年，三十九歲的他打出了美日職棒生涯的第四千支安打，轟動全世界棒壇。

鈴木一朗從小習慣在大家集合之前一小時到球場跑步、練打；球賽後等大家都離開了，他會繼續練習，比大家都晚走。即使到了今天，他還是這樣做，因此二〇一二年十月陳偉殷在大聯盟季後賽首度先發的那一場球賽當中，一朗從三壘衝回本壘時，眼看就要讓捕手刺殺在壘包前，但他身手靈活的一跳，閃開刺殺的手、再繞到本壘後方、又轉身撲本壘，居然躲開了兩次觸殺，安全上壘！

大家都說這太令人驚訝了！這是快四十歲男人的體能嗎？實在太厲害了。

一萬小時的紀律

據說，只要在某個事情上願意花一萬小時練習，就能成為專家。

像長笛家詹姆斯・高威（Sir James Galway），他出版專輯無數、開了許多場演奏會，有人曾請教他何以能演奏出這麼好的音樂，他回答：「持續練習！」不管是成名前、成名後，每天都要吹奏一小時的長笛，這是他的工作。而且他不只練習吹樂曲，重要的是簡單的單音，練基本功，日日如此。

這些傑出人士之所以傑出，是因為他們有自己的目標、有策略，而且毫不懈怠。為求成為專業頂尖，每天必須完成單調的日常訓練，不做完不罷休，因此傑出。

許多年輕人一聽說要找典範，就想到自己喜歡的偶像藝人，若這真是你的典範，也好，但請確定這位藝人確實有料，他確實在自己的專業上付出了一萬小時的努力、累積了一萬小時的紀律，而且努力進修從不懈怠。這樣的藝人才會珍惜自己的演藝生命，不會短暫消逝，才值得成為你的典範。

偏食的一代

上課可以看到許多現象，學生們基本上是喜歡上課的，但一講到沒興趣的領域，他們會自動關上耳朵、放空，或是開始做自己的事情，因為「這不是我的菜」。

我說，你們不能這樣，這樣是一部分的「星星兒」。「星星兒」是對自閉症兒童的稱呼，如果學生對某些課題毫無反應、自我封閉，那不就成了一部分的星星兒！學習像飲食，什麼都要吃，不能偏食。在社會上闖蕩，什麼本領都可能用上，什麼都要涉獵，不能光吃自己想吃的食物、光聽自己想聽的事情。

因此我在課堂上希望給他們許多刺激，給他們各式各樣的菜，讓他們不再挑食。一開始上課，同學們會自動關掉電燈、打開投影機，他們知道我會利用十分鐘分享這一週蒐集到的資料，各種領域都有、各種議題都有。

有時候是一張照片，有時候是報紙上我看了有所感觸的文章，有時候是我在路上拍下的景象，想跟他們討論背後的意義。這十分鐘的目的是希望他們即使不看報紙、不看新聞，也能在短短的時間之內吸收到各種養分。

有學生跟我抱怨，他們不喜歡某些必修科目，但又怕被當掉。「老師，我念的是餐飲科，為什麼還要修旅館會計，我從小就害怕數學，會計、統計什麼的根本聽不懂。」我跟他說，「你以後想開自己的餐廳嗎？」學生眼睛一亮，開始有點感覺了。

「開店總要學會記帳，怎麼看帳本吧？萬一你經營得太成功，有人來找你開分店或加盟，那你除了記帳之外，還要懂得管理員工、要做市場調查。只要想到這些基礎課程以後會派上用場，你學起來應該比較帶勁了吧。」

的確，不是自己擅長的本科，學起來會很吃力，如果能將知識與目的連在一起，知道自己學的不光是「知識」，而是可以活用的「本領」，就能點燃學習的熱情。

平日就要有的「戰備保養」

我愛問學生，英文或是日文應該怎麼學？他們回答，學英文應該要去美國、英國或加拿大，日文就去日本學。我說，關鍵不是要去哪裡學，而是要今天學！立刻開始學！

隔了一週我再問，英文或是日文應該怎麼學？他們學會了，立刻回答：「今天學！」我說，「不對，不是今天，我上個星期就提醒你們了，所以應該是上星期就該學了！」

我常鼓勵年輕人，儘管現在的大環境處於下坡，總會有往上的一天。下坡時做好準備，練好基本功，往上坡爬時就有力量前進。現在的磨練，就是在等待「那一天」的來臨。

職場就像戰場，忽略平時的操演，沒有戰備的觀念，到了緊要關頭當然表現不好。應該趁現在培養語言能力、學好專業技能，多接觸不同的領域，等機會一到，就能乘勝追擊。就算一直處於谷底，機會一直不來，能夠日日自我充實，起碼人生沒有虛度，不致整天茫茫然，不曉得自己想做什麼，什麼都沒做，白白浪費了時間。

什麼才是經典？

我在課堂上問，經典是什麼？學生說，百聽不厭，那是經典。我說，不，要很多人百聽不厭才是經典，自己百聽不厭的，只是自己的變態嗜好而已。

我又問，「大家看過色情片嗎？」幾乎都看過。「有沒有看過A片的經典？」同學們好奇了，什麼才是色情片的經典呢？金瓶梅？肉蒲團？我說，大家聽過「查泰萊夫人的情人」嗎？所有學生立刻開始google這部電影。用長鏡頭、無言拍攝的侯孝賢式色情片，值得一看。

經典不光是老東西，是經過很多年依然可以感動人的作品。像老鷹合唱團的歌，我在課堂上放給學生聽，學生也很感動。

有些人認為經典一聽就很迂腐、陳舊。但很多老作品還是值得一讀再讀。就像反覆咀嚼白飯，可以讓米飯中的澱粉遇到口腔裡的唾液，轉化成葡萄糖，因此吃起來甜甜的、愈嚼愈有味。

每個人都有自己偏好的閱讀類型，我建議可以交叉讀些經典名著，畢竟經過了千年的考驗還能流傳到現代，一定有其道理。先放到嘴巴裡咬一咬，看看合不合口味，如果試了不喜歡，吐掉就是，但千萬不要試都不肯試，那就變成閱讀上的偏食了。

比方《湯姆歷險記》、《麥田捕手》，比方《論語》、《孟子》、《莊子》、《詩經》，都能增加內涵與人生體驗，也能透過這些作品引述自己的看法，能在現代社會引用經典名言，大家會覺得你是個不一樣的人，起了尊敬之心。

我是唸社會大學的人，詩詞都沒學好，成語常常漏字，或是好不容易組出四個字，字序卻顛三倒四，讓全班毫不留情的哈哈大笑。想要彌補自己的不足，我不斷的大量閱讀，不管什麼類型的書、報章雜誌我都看，從閱讀中吸取別人的經驗與智慧，或是找到答案。

年輕人多看些經典名著，跟長輩不會有代溝，長輩也該學些網路流行語，讓年輕人感覺彼此距離不遠。但要讓年輕人靠近經典實在不容易。他們將太多時間用在聲光效果好的電視手機網路上，可能找江南大叔來推廣聖經還比較有效。或許可以用點手段，製造出讀書的動機，例如加入混搭（Mix and Match）的概念。

像我找到日本和民餐廳老闆渡邊美樹寫的《讀論語，有什麼用？》，他說自己十歲立志要當老闆，後來創立了和民餐廳，還擴展成遍布全球的連鎖店，而他店裡都會放一本《論語》，因為他的管理技巧都來自孔子的《論語》。在書中他用自己的方式來解讀《論語》，並注入現代的意義。

唐詩宋詞距離我們好遠，但曾聽余秋雨談到李白與杜甫兩人的差異，他覺得李白寫的詩好，是因為李白來自吉爾吉斯，十七歲才穿過大漠來到長安，也就是現在的西安。中國古時候少有人來自西域，因此他的人生始終帶著荒漠的淒涼，有悲歡離合的大氣魄。相形之下，杜甫出身於世家，雖有天分，但沒有李白的趣味。

經過這番現代的解析，是不是感覺跟李白與杜甫更親近了？

二十八歲的總經理

有一天，報上刊載一則新聞，國科會主委朱敬一的女兒放棄正在美國攻讀的博士學位，改行做蛋糕。報導中引述朱敬一說，女兒在美國哈佛大學念完碩士、又到加州柏克萊大學攻讀博士，卻中途決定回台北，從事最喜愛的糕餅烘焙業，「雖不符合經濟學強調的投資效益，但我還是支持她，因為這樣的決定符合她的熱情」。

看到這則新聞，我想的卻是完全不同的角度。為何對蛋糕有這麼強烈熱情的年輕人，不能在十八歲那年依照興趣進入廚藝學校？父母為何不能信任小孩追求夢想？為何許許多多高學歷的孩子都在完成父母的夢想之後，才敢放手做自己？

我相信一個人不會「忽然」想做蛋糕，他耗費大半生時間讀自己不想要的學位、虛擲了許多教育預算，最後決定忠於自己，開了糕餅網站。如果再來一次，人生要這樣走嗎？

在這事件的另一端，是甚麼樣的孩子會在十八歲那年進入餐飲學校？

在台灣，優秀人才會去台清交，卻不會來讀旅館系，如果家裡有個很優秀、會念書的孩子說將來要讀旅館系，爸媽可能氣得想打斷他的腿。我相信一定有優秀學生對餐飲、旅館感到興趣，但社會有個阻力擋著他，「不要去這個學校，這學校都是愛玩的學生」，因此我們學校招收到的都是中等資質的學生，能考上醫學院、電機系、台清交的人都不會來。

教學近二十年，培養了兩千多位學生，我從沒看過絕頂聰慧的學生，當然會出現幾個資質還不錯的，偏偏這樣的學生畢業之後很可能不做這一行，因為旅館業的開端太辛苦了，聰明的孩子若捱不住，通常會選擇轉行。

在這麼多學生當中，未來能當上五星級飯店、航空公司總經理的，我只看好兩個半，大約千分之1.25的機率。其中有兩個學生夠聰明、夠積極、有領導魅力、有親和力又能吃苦，未來足以當上總經理。此外還有幾位學生屬於「半個」，某處缺一些，但已經算優異，如果願意堅持下去，補好不足，會有機會當上總經理。

有人質疑，學校才成立十七年，畢業生還不滿四十歲，可能是年資不足，接下來幾年應該就會出現總經理。

其實，在國際上多的是二十八歲就當上總經理的例子，只要是洛桑管理學院，或康乃爾大學的畢業生，許多產業搶著要，目前的管理技巧大量倚賴電腦分析輔助，只要他們有絕佳的決策力，經過適當的歷練，也許不會是五星級飯店或是國際性航空公司的總經理，但二十八歲就當上連鎖飯店、旅行社總經理，並不難！

但直到今天，我們學校還沒有出現這樣的學生，還沒改制前，這所學校設定為專科學校，畢業生就是要做中間幹部，後來擴大升格為大學，可是入學的新生條件並沒有因此提高。當大家都認為自己「只能」當中間幹部，就很難培養出總經理。

我曾建議校長提出獎學金制度，只要分數能到台清交而來念我們學校，四年免學費，以吸引更多好人才，我願意幫他們開設「我是總經理」的課程，幫他們打下深厚的基礎與實務歷練，從大一開始學習怎麼當總經理。可惜，這個計畫至今沒有辦法推動。

未來這個夢想會不會成功？我不知道，但希望未來能有學生在畢業時信心滿滿的說，我要在二十八歲當上總經理！

2%

Part 2

只要比別人多2%的熱情，就會找到方向

不發問的學生

上課的時候，許多老師最怕問學生「有沒有問題？」，才說完所有人頭立刻往下低，教室安靜得令人尷尬。演講的時候，最怕的也是開放問答的時間，主持人說，「現場觀眾不知道有沒有問題？」台下一片死寂，沒有一個人舉手發問。

這種不發問的習慣已經變成了社會現象。現在的學生很怕一個字，「囧」。發現了問題，卻不發問也不求救。問他們為什麼不問？他們說，怕問題太蠢，同學會笑，太囧。

我告訴他們，如果在座百分之八十同學都跟你有同樣的問題，你能幫其他沉默的同學提問，就是功德一件！就算其他同學不覺得這是個問題，但你的問題裡有你不同的觀點，當然也值得一問。

「可是，班上同學還是會笑啊！」我告訴他們，同學會笑別人是天經地義，因為同學就是老天爺派來互相取笑的。但學生還是不希望跟老師接觸，最好不要被老師注意到，寧可在課堂上當隱形人。我的任務就是讓他們發現在課堂上跟老師互動沒那麼可怕。

當大家都不發問時，我會說，「我知道你同學一定有問題，這樣吧，你就幫他發問吧！」然後問他們：「你隔壁的同學有沒有問題？」大家哈哈一笑，但總算有人願意舉起手笑著說，「我的同學有問題……」或者我會說，「第一個問題？沒有？那我們從第二個問題開始發問。」大家就笑了。

表達意見才會被看見

談生涯規劃時，我會問：「你們當中有人想去國外深造吧，有沒有這方面的問題？」大家紛紛點頭，我說，「有問題為什麼不問？我不講了！」

這樣逼了幾次之後，他們知道有問題不問，不對；面對問題不表達意見，也不對。在學校就養成發表意見的習慣，才能避免進入社會之後在會議中什麼意見都不說，等決定之後又私下抱怨：「什麼鬼決定！」「什麼爛人！」然後怨懟自己的意見不受重視，但是該發表意見的場合不提，誰又需要尊重你的意見呢？

要發問，要表達意見，外界才會看到你，聽到你的聲音。

經過一學期的鼓勵與暖身，第二學期開始有學生願意發表意見了，但還是有人不敢公開提問，寧可私下找我，我都會開玩笑說：「走開，上課不問，現在不要來占用我休息的時間！」但我也知道他們臉皮薄，還是打開研究室大門，歡迎他們來發問，能幫一個是一個，能啟發一個是一個，免得他們又縮進自己的世界，不想與外界互動。

不過，發問並不是把問題丟給別人，而是請旁人一起來集思廣益，可別以為問了就不關自己的事了，在一旁等著別人幫忙。曾經有個學生，在期末作業交稿期限的最後一個小時，才拿著作業來找我，要我給他意見，我當場拒絕他。這個學生很聰明，可是在最後關頭才來抱我的佛腳，只顯出他投機取巧的心態。像這樣的學生，我會給他碰釘子，讓他知道靠小聰明是沒辦法得逞的。

不敢開口，可以寫下問題表達

還有個學生上課不太敢看我、也不開口發表意見，筆記卻寫得很認真。我是個不點名的老師，其他同學不來就直接蹺課，只有他不能上課一定預先請假，這個行為引起我的注意。

期末考時他在答案卷上寫了很多想法，這是我第一次知道他在想些什麼，看完之後我請他來跟我一聊，他的表情問：「我嗎？」我點點頭：「是的，就是你。」

一個多小時幾乎都是我說，他笑。他說自己不太習慣與人面對面互動，寧可用寫的，比較習慣用電腦或是簡訊溝通。我說，沒問題，很多事情未必需要當場討論，可以事前評估或事後寫報告。我鼓勵他，有人習慣用語言表達，有人擅長用筆書寫，他一樣可以勇敢表達自己的意見。

他擔心自己的個性太內向，不曉得能不能適應旅館這行業。我鼓勵他，還是有機會，不是每個旅館人都要站在第一線面對顧客，他可以當很棒的人力資源、財務管理，都不需要跟客人哈啦。他可以成為最好的企劃、最好的參謀。說完，他的眼中出現了光芒。

能夠主動提出問題，詢問別人意見，代表你有解決問題的意願，還有處理問題的行動力，這是可以一輩子帶在身上的基本能力。

看他的壞，學他的好

每次上完課後，學生們會在我面前排成長龍等著問問題，各種問題都有。有天，發現平常不太講話的學生竟然出現在隊伍裡，我趕緊解決前面的「客戶」好快點服務他。

原來這個寡言的學生打工時受到了不公平的待遇，想找我主持公道。他說，自己必須工讀賺取生活費，每天準時上班下班，從不翹班或遲到早退，按店裡規定應該拿到全勤獎金，但老闆卻因為他缺席某個教育訓練課程，扣除了這筆獎金。

他忿忿不平的說：「其他人也蹺課，但他們是約了一起出去玩，我是回家，又不是跑去玩！而且是教育訓練，又不是上班！他怎麼可以這樣做！」我說，全勤獎金是激勵獎金，不是薪水，只要不扣到薪水，都不違反勞基法。這個學生還是很難過、很生氣，覺得老闆不公平。

我問他，「你的薪水一小時一百二十塊吧？」「沒有，只有一百零五！」「那除了薪水之外，你們公司還會給你什麼？」「還有紅利。」我說，「這就對了。你氣公司應該給你全勤獎金卻沒給，因此暴跳如雷，可是公司一直發給你紅利，你卻提都沒提。」

我們通常會為自己該得卻沒得到的東西生氣，不會為多得的表示感謝。我們會因為旁人對我們不好而氣憤，但看不到他們擁有的優點。

我常在課堂上告訴同學遇到不公不義的事、討厭鬼、惡老闆、白目，要記得八個字：「看他的壞、學他的好」。

他壞，像這個主管苛扣獎金，但他的好處在哪裡？他可能很懂得客人的心、很會跟老闆報告事情、很會調度員工、很會訂貨，甚至很懂拍老闆馬屁，這些都值得學習。而且拍馬屁也該學，如果拍得好，代表很懂得跟老闆溝通。

「看他的壞、學他的好」，能夠讓我們跳脫生氣的情緒，還能從中吸收一些優點。他憑什麼這麼驕傲？喔，因為他的技術比所有人都好，所以大家都會禮讓他幾分。他跟我程度一樣，憑什麼指揮大家做事情？喔，因為他率先發現了團隊的問題，先出手補破網了，幫大家省了很多功夫。

每個可惡的人，都有值得學習的優點，能看到他的壞而自我警惕，並且發現他的好，跟著學習，要比悶頭生氣來得好。

時間要花在值得的事物上

有個學生上課總趴著睡覺，但考試成績還不錯。問他怎麼準備考試，他說他從來不準備！跟他高中同學求證，同學也說是真的，大家都沒看過他讀書，卻考得進我們學校，還能安穩讀到大二，證明天生是有考試的才能。

我決定找他談談。但我沒指責他怎麼上課都在睡覺，而是換了個問題：「你昨天幾點睡？」「五點。」他說。五點才睡！但學校規定大一學生清晨六點半要義務掃校園，難怪他課堂上總趴著睡覺。

「每天都四、五點睡？」

「嗯。」

「那你都在做什麼？」

「玩網路遊戲。」

學生說，他從高二那年開始迷上網路遊戲，每天半夜練功。他說玩網路遊戲很有成就感，因為他技術很好，總是可以打敗其他人。

「那後來呢？」

「我白天還要上學啊，不像他們二十四小時狂打，他們打的時間多，很快就追上我，而且打得比我好！」

我說，「這是不公平的比賽，你是學生，而對手卻可以二十四小時泡在網咖。一開始可以靠天分打贏他們，但他們不工作、不上課，荒廢一切責任，只打電動，當然早晚會追上你、打敗你。」

學生說，網路遊戲打得好可以代表國家參加比賽，台灣電玩界曾出了幾個世界冠軍隊伍，是他努力的目標。

我建議他要想清楚，就像很多家長送孩子上鋼琴課，但真正能夠成為鋼琴家的也就只有寥寥幾位而已。也許把彈鋼琴當做一生的興趣、調劑的休閒活動，不見得要賭上自己的人生去一圓當鋼琴家的夢想，必須懂得調配時間，把時間用在重要的事情上。

他聽完，想了一下，懂我的意思。於是我們打勾勾，約定他以後要在十一點鐘就寢，我還大力幫他宣傳，要同學們一起鼓勵他早點睡覺，不要熬夜打網路遊戲。

隔天他告訴我，十一點一到，他真的躺上床，可是睡不著，但他也沒爬起來打開電腦，寧可躺著等天亮，因為跟我約定好了。

我覺得這學生很棒，守住他的承諾，說話算話，而且願意改變。我告訴他，睡不著是因為生理時鐘已經習慣凌晨才睡覺，現在是適應期，一陣子就能恢復。接下來，就能夠把精神放在值得奮鬥的地方了。

每個人的時間都一樣長，能夠比別人更有效率的管理利用，就能讓時間「加值」；到了我這年紀，我還要提出另一種角度，年輕要趁早養成正常的作息，不要隨便揮霍自己的健康，時間才能「保值」，否則未老先衰，反而比別人短少了不少生命，多划不來。

聽演講的兩種人

在外演講或是教課時，很難不注意到聽眾的肢體語言，我發現其中有兩種聽眾，一種人自負、一種人自信。

自負的人通常眼神飄忽或完全不注視主講人，神情凝重，上唇抿、下唇凸，臉上刻畫深深的兩道法令紋，眉頭緊鎖，雙手緊抱胸前。當大家笑的時候，他不笑，臉上寫著「我不需要聽你說的！」

很多演講場合遇到的高層人士都是這樣的撲克臉，儘管人在演講廳，卻擺出樣子告訴旁人「因為公司要求，我才來當貴賓！我很厲害，根本對你講的內容毫無興趣！」他們臉上表情顯示出他是封閉的、自滿的，任何資訊都無法進入他的心，滿腦子否定否定否定，不要不要不要，當然什麼都聽不見。

不管聽什麼演講，一定會帶來收穫，但要先將自己歸零，養成記筆記的習慣。無論面對什麼講者，姑且先聽他怎麼說，如果對方說得不好，可以記下來他有哪些缺點，以後自己講話時不要犯同樣的錯誤；如果說得好，可以好好吸收，讓身心靈注入養分。不先歸零，收不進任何想法，聽演講只會覺得毫無收穫、浪費時間。

自信的人聽演講時會專注地看著演講者，手上拿著紙筆，聽到重點便記下，他們的表情像在說著：「他的例子真棒！」「這個想法跟我一樣，英雄所見略同！」「這點我要學起來！」「這個觀點我不同意，等下來問。」他們臉上有各式各樣的表情，樂於給演講者即時回饋。

因為有自信，他們樂意敞開心胸，聽聽旁人的意見，汲取旁人的長處，願意向他人請益，才能不斷成長。

很多朋友一開始只是個小業務員、小職員或是經營一家小店，他們有實力但不自滿，遇到人會客氣地請教對方的看法，也大方地分享自己的觀點，後來事業愈做愈成功，在自己專精的領域做出一番成績。

我也遇過很多自負的人，他們眼睛看上不看下，只看重優異人士，不能尊重每個人都有不同之處，更忽略了普通人也有值得學習的特質，以為人人不如自己。但愈自負、愈可能因為驕傲而在人生路途上摔一大跤，更慘的是，到時候沒人想要拉他們一把！

你是追求，還是被要求？

一大清早，各地的公園都能看到許多老人家勤奮做著甩手功、跳排舞、打太極或是健走、慢跑，沒人強迫他們早起，他們都是主動起個大早運動養生，這種精神就是seek for（自我追求）。

還有一些老人家是由印傭推著輪椅出去，印傭起床的心情當然跟老人家不同，他們多數是年紀還很輕的女孩，在印尼的家裡也都是千金，一定還想睡久一點。但工作要求他們早起逛公園，這是been asked for（被要求），要不是為了賺錢，他們寧可睡覺。

當起床的動機不同，感受也不一樣，老人覺得自己愈運動愈健康，很開心。印傭則覺得起好早真累，很無奈，到公園後把輪椅推在一起，跟自己的印尼朋友聊天。

在公司，老闆要業績，逼著你面對客戶，可是難纏的客戶一直開出不可能的條件逼你答應。大家都很無奈的要求旁人、逼迫他們做事，所有人都痛苦。但如果將情況扭轉成我們想要追求好業績，主動去找客戶，引起客戶想要的動機，想要更好的價格及服務，一來一往，變成雙方都是seek for。

兩者行為一樣，但動機不同，做事的感覺也不一樣。「追求」與「被要求」之間並不涇渭分明，當「追求」的比例高，凡事主動處理，會比較開心；可是當「被要求」的比例提高，就沒那麼起勁。好在可以透過轉念，靠著創造動機，來調整兩者間的比例。

譬如，球隊設下拿下冠軍的目標，這是「追求」的動機。為了達到目標，必須在教練安排之下每天跑八公里培養體能，這是「被要求」。雖然拿冠軍是發自內心的渴望，但為了目標，每天必須先搞定這八公里。

有時候明明是自己開心的工作，照理應該很積極的完成，偏偏一直拖延不去做，等火燒到眉毛，原本seek for的事情也會全部變成been asked for，逼到嘴角生瘡、長青春痘又熬夜又加班的趕工。假如早早排定計畫，按照自己的節奏好好的做，會做得更有把握。

當「追求」比例愈多，成功機率也愈高。可惜的是我們做事情往往比較懶散，導致計畫趕不上變化。如果能夠多點使命感，積極主動的出擊，效果會大大不同。

你的工作呢？你是怎麼看待自己的工作？你的seek for與been asked for的比例又是什麼？不要怨嘆工作困難，只要轉念，將比例調整好，做起事來會加倍愉快。

想「成為」，得有「作為」

有個學生告訴我正在積極準備空服員，我說，有夢想很好，還建議她馬上學好日文。她說不要，好麻煩。因為她對日文沒興趣，要再加強很困難，會英文就夠了。我告訴她，日本籍客人是台灣觀光市場的主力之一，加上日本客人在全球旅遊市場都是主顧客，能夠學點日文絕對有利無弊，但她還是沒興趣，後面的話我就嚥下了。

其實觀光、旅行會用的日文不超過一百句，只要花點時間把這一百句學會，到哪裡都能派上用場。但她缺乏的是挑戰的心情，缺乏一種「驅動力」。她想「成為」（to be）一位空服員，卻不願有「作為」（to do），做點讓自己更勝任這項工作的預備動作。

電影「當幸福來敲門」當中，威爾・史密斯飾演的爸爸，窮到沒錢付房租，只好跟孩子住在公廁裡，半夜最怕有人敲門想上廁所。即使在這樣的困境中，爸爸還是想去上無薪的基金理專培訓課程，希望能夠取得理專資格。他相信這不是一份工作，而是未來事業的開端。為了成為一位專業理專，他願意熬過一年無給職的受訓。結果他成功了。

是什麼心情讓他寧可餓肚子也不放棄上課，不隨便找個打工的工作賺個溫飽？是「希望」，是to be someone的驅動力，他對未來有想像，因此願意to do something，知道過程需要忍耐，他想要的是更好的未來。

這種to be的驅動力應該早早培養。美國小孩通常滿十八歲就要自食其力，不管是唸大學或就業，都要靠自己的力量，因此他們會提早思考人生的方向，小時候就打工，也許幫鄰居割草、送報、送牛奶，父母不會因此愧疚「啊，我沒照顧好孩子」，而是肯定他們的工作能力，肯定他們的獨立自主。

我也受到這種驅動力影響。在美國讀完書，回台灣進入大飯店工作，照例從基層做起，大家整床、洗馬桶，我也整床、洗馬桶，那時心裡有沒有不甘願？沒有，因為我知道自己將來要當老師，到時就有實務經驗可以告訴學生，床要怎麼整、馬桶該怎麼洗。這些都是基礎，是我當老師的基礎，包括當上飯店總經理也是我心目中必須完成的任務。

當心中有了方向，途中的經歷也就有了意義。

目標決定成就高度

前一陣子學校有位同事來找我，談起他去洛桑旅館管理學院開會發表文章，順道請學校安排華人留學生見面。當天來了二十位學生，一問，其中十八位是大陸生，只有兩位是台灣生，但一位兩歲就到上海，一位四歲到北京，都是台商的孩子。

朋友問其中一位，「你畢業後有什麼計畫呢？」

「我要去香港的航空公司。」

「喔，你要當空服員啊。」

「什麼空服員！我要當revenue manager（營收經理）！」語氣當中大有「你怎麼侮辱我」的不滿。

Revenue managment又稱為yield management，收益管理。飯店房價會因為各種條

件而有各種優惠，目標是讓收益極大，但又不至於因為定價過高而一堆空房，所以該怎麼預售、怎麼促銷、怎麼給予票價讓利，賣給哪一類的客層，都是學問。

航空公司處理機票的收益管理就更複雜了，即使同一架飛機的經濟艙都有不同的價格，會依據早買晚買、各種搭配組合而異。那個學生認為自己未來目標是要當營收經理，怎麼可能屈就空服員！

同事說，「你看，怎麼辦？他們的目標定這麼高，但台灣學生連出國留學都不願意了！」說來很諷刺，這位洛桑學院的學生認為當空服員太Low、侮辱到他，但台灣學生如果考上空服員，卻可以在校園大貼紅榜，連學弟妹都與有榮焉。

為何雙方對於自己第一份工作的目標，落差竟如此巨大？如果是你，你又會選擇哪一條路？

問學生將來想做什麼工作？大家都說「錢多事少離家近」，但我認為這條路不可取。不願意動、不願意離開家，不願意嘗試新的領域、新的挑戰，生涯怎麼加分？

我的職場生涯看似幸運，有嚴總裁照顧，加上頂頭上司一個接著一個離開，讓我可以如願升到旅館的總經理。但這一路上的每一關，我都願意接受挑戰。

「要不要去業務部？」

「好！」即使我對業務一竅不通。

「要不要去餐飲部？」

「好！」雖然我不喜歡餐廳的工作。

我就這樣累積出完整的履歷，順利成為最年輕的總經理。接下來老闆又問，「去台中好不好？我們要開新飯店？」「好！」就這樣，我到台中上班，之後又到台南上班，體會了各地不同的文化，驚訝的發現台北、台中與台南雖然都是台灣，人們的想法及消費習慣卻大不相同。這些經歷讓我認識更多當地的朋友，帶來好多好多收穫。

目標設定在什麼樣的高度，會影響一切規劃。「錢多事少離家近」聽起來很爽，但我寧可看到年輕人早點上路，接受各種職務、到各地跑跑、四處看看、拓展視野，豐富自己的人生。

西遊記的團隊精神

如果你可以選擇，在西遊記的眾多角色中，你要當誰？是孫悟空，還是豬八戒？

相信很多人都想當擁有金箍棒又精通十八般武藝的孫悟空，唾棄光會吃喝偷懶又好色的豬八戒。可是直到今天豬八戒還是吃香喝辣，每天都有八大行業的少爺小姐們對著他燒金紙擺供品，希望豬八戒能帶豬哥客人來。相形之下，孫悟空雖然能幹，一路靠他打敗妖魔鬼怪、護送唐僧到西方取經，但事成之後大家就忽略了他，沒什麼人想拜他，香火跟豬八戒差很遠。

這像不像在公司裡的狀況？很努力的人未必能夠吃香喝辣，而且還常常挨罵；待遇最好的，往往是最會拍老闆馬屁的人。

大多數人都忘了西遊記裡還有沙悟淨，不知道他在團隊裡到底有什麼貢獻，甚至同情他沒沒無聞。但我覺得他才是裡面最過癮的人，頭低低的，看著各方妖魔鬼怪上場打鬥，看著孫悟空出生入死、豬八戒吃喝玩樂，但最後上西天也沒漏掉他，不用太費力也跟著雞犬升天。

唐三藏是故事裡的苦旦，從沒快樂過；孫悟空有俠氣，但總有個東西框住他，逼著他當救火隊拯救世界；豬八戒快樂，但是個好色敗家子，形象不好；沙悟淨則像你跟我，是普通人。

如果按照功利主義來說，孫悟空是極好（excellent），沙悟淨是資質普通（average person），豬八戒是表現低於平均值（below average），但社會是常態分配，圖表上呈現為鐘型曲線，前面的少、後面的不多，最多的就是資質普通的沙悟淨。

一般人的生活不會像孫悟空那麼石破天驚，更不會像豬八戒那麼糜爛，多數人就是平平淡淡的，上班下班、養家養孩子，平凡無奇的過了一輩子。但沙悟淨沒價值嗎？少了他，孫悟空會沒有成就感，沒人幫他拍手；有了沙悟淨，他可以打敗各種妖怪，拯救沙悟淨與唐僧來獲得成就感。

就像亞歷山大大帝從希臘一路打到埃及、波斯帝國，甚至還想打進印度，後來他的士兵厭戰，只好班師回朝，一少了對手威脅，征戰無數都安然無恙的亞歷山大大帝竟然死在路上！搞不好他再找個敵人，就什麼病都沒了。

一個好的團隊，成員未必個個頂尖，但各有各的專長，每個角色都是不可或缺的存在。所以當沙悟淨也沒什麼不好，老老實實的幫唐僧牽馬，在孫悟空需要後援時給他一點力量，在豬八戒流連溫柔鄉時拉他一把，整個團隊好，他也跟著提升。而且只要平日累積好實力，需要發揮的時候，說不定他表現得比孫悟空還好呢。

結交各式各樣的朋友

我總告訴學生要廣交朋友，多認識不同領域、不同個性、不同功能的人，人生需要各式各樣的朋友，不要期待能夠交到一個多功能、全方位的好朋友，即使真有這樣的奇才，一生只有一個朋友，也太少了。

現在的年輕人交友的基本配備是酒友（一起喝酒）、歌友（一起唱KTV）、球友（一起運動）、共筆友（專門提供共同筆記讓你考前抱佛腳），還有一起逛街的「街友」（因為他很會殺價又有品味）等等。

但這些人之中，有沒有你可以在他面前卸下心防、大哭一場的朋友，或靜靜聽你訴苦，但不會評斷你的朋友？

能訴苦的朋友很重要，他不見得要提供解決方法，只要聆聽，讓我們瀕臨爆發的情緒火山有個出氣孔，就夠了。中國字很巧妙，聽字的組合，是一個大耳朵（耳）、十隻眼睛（十目）加上一顆心，還有一個王字。代表你用耳朵聆聽、睜大眼睛看、加上用心，就會是溝通之王。

溝通之所以困難，是因為人人心中有定見、有成見，往往只是想說出自己的意見，並不想聽旁人怎麼說，因此，能夠有個你信任的朋友，認真的聽你說話，其實就幫上大忙了。

有的朋友像孫悟空，很能幹，十八般武藝都會，但是他整天眉頭深鎖，彷彿隨時有人唸緊箍咒，跟他在一起時時刻刻都在處理危機，不好玩。有的朋友像豬八戒，光會吃喝玩樂，沒個正經，跟他在一起很好玩，若有重要事情拜託他，恐怕靠不住。還有的朋友像沙悟淨，會覺得身邊有他很好，因為他不搶功、不諉過、不耍心機、什麼事情都可以告訴沙悟淨，他總是安安靜靜，不會四處大嘴巴。

交朋友最大的風險，是錯把豬八戒當成孫悟空來依靠，或該問孫悟空的，卻跑去問了豬八戒，不懂又愛答，結果當然愚蠢。因此要多認識不同年代、價值觀不同、社會經驗不同的朋友，凡事多請教這些人，才能擴展自己的視野。

多交朋友，多聽各方意見，不要只相信一個人，像病人找醫生，往往還需要請教另一位醫生的第二意見，以降低誤診的風險。學生跟我談完事情之後，我會建議他再找其他老師聊聊，因為大家會提供不同觀點，吸收不同養分與訊息之後，再自己做判斷。

當朋友的「外部董事」

人生在世，很需要講真話的朋友，也應該要求自己當個會說真話的朋友。真正的朋友不會看著我們沉淪，所以聽到朋友的指正，要感謝、要接納。這個世界上願意講真話的人愈來愈少，平日buddy buddy，隨時party party，但真遇到事情，能夠情義相挺的有幾人？看到我的錯誤，願意開口指正的，又有幾人？

社會上有種職務，專門對經營者說不好聽的意見還能領車馬費，就是「外部董事」，像我是王品的「外部董事」，雖然有「董事」的名稱，可是我手上沒有王品股票，也不能在王品內部上班。公司好，跟我沒有關係；公司不好，跟我也沒有關係。這樣的位子就像公司的良心、像皇帝的諫臣，要講出老闆不愛聽的真話。

我們都該找個直言不諱的好朋友來當人生的外部董事，他們不會想從你身上拿到什麼好處，卻關心你好不好，在關鍵時刻提醒我們不要執迷不悟。我們也該學著當好朋友的外部董事，看到朋友有不良的習慣，或是不理想的行為，誠懇的提出建議，該說就說，不因為怕傷及友誼而虛偽。

能找到一位有話直說、不打折的好朋友，是一生的福氣。能聽進值得信賴的朋友所提出的建議，虛心改進，更是一門人生的必修課。

如何與陌生人建立關係

有些個性比較害羞的人，到了陌生環境就很沒安全感，但是出了社會後又免不了有些社交場合要應付，內心很有壓力。於是請教我這位參加、籌畫、主持過無數派對的老鳥，到底該怎麼在陌生場合跟旁人聊天，像西方社會那樣在派對上社交？

其實，每個人最有興趣的話題就是自己，在陌生人愈多的場合上，挑一個你想認識的對象，就你對他感興趣的地方一直提問，自然就能交到朋友。

如果你想要經營人脈，每次認識新朋友之後，記得在記憶消失前（當然不能當著他的面），在他的名片上摘記你們這次談了什麼、你向他推薦了什麼、他的特徵，簡單幾點就好。等下一回見面前，你可以拿出名片喚醒記憶，喔，上次向他推薦了牛肉麵，這次可以問他到底吃了沒，好不好吃。見了面記得盡量稱呼對方的名字，他們會感受到你的重視。

只要事先做了準備，第二次見面時對方會很訝異你怎麼都記得，而對你留下超級深刻的印象，雙方的距離也因此拉近了，這叫做「接軌式服務」。只要多練習幾次，這會成為一種好習慣，大幅提升記人、記臉、記名字的能力。這是用心，不是耍心機，因為沒有害人的心。

而且不要以為年長者不能聊，只要聊到他們有興趣的話題，他們的經歷都是精采的人生故事。聊天時可以多問他驕傲的事蹟、辛苦的經歷、花了精力完成的工作或專精的領域，譬如年輕時為什麼要念這所學校，後來怎麼經營事業？怎麼生養小孩？都會讓老人家侃侃而談。

社交要懂得分際，有時候人會對陌生人產生防衛心，突然對他們示好，未必能得到回應。這時候也不需要自卑，認為一定是自己不夠好，所以人家不願意跟我做朋友。應該要正面解讀，可能這位朋友目前容不下新的朋友，或是有些其他的考量，那就放下吧！不要一直浪費時間猜疑對方到底是哪裡不喜歡我，天下如此之大，一定會遇到願意相互付出的朋友，不需要勉強自己。

法式三明治說話法

每個學期我都會跟學生們會談，他們出現時，一個個都像消了風的氣球，但在我手上打一打氣，又像灌飽了氣一樣神清氣爽地走出去。

可能有人覺得跟老師面對面會談不是很彆扭嗎？大家不是避之唯恐不及，覺得「老師別找我麻煩就好」嗎？可是我的學生不會，他們很期待跟我談話，就像以前工作的時候，我的七位主管也很喜歡跟我面談。因為他們知道自己不是來「接受考驗」，而是跟我一起吃又香又酥脆的「法式三明治」。

很多管理專家建議講話最好採用「三明治法」，在惡評之前給個善評，惡評之後再以善評做結，譬如「你是個很認真的學生，但經常遲到，不過我對你的報告感到很滿意」。雖然重點是對他遲到不滿，但他會接收到比較友善而不是指責的訊息。

我的說話方法則是「croque-monsieur說話法」，croque-monsieur是法式三明治，比一般平凡的火腿三明治多加了起司，再烤一烤、煎一煎，咬起來脆脆的！如果再加個蛋，就是croque-madame。

我除了告訴他好在哪裡、不好在哪裡，他的缺點我已經看到改進了，還會跟他一起研究該怎麼克服，讓他知道他是班上非常重要的成員，我們是共同體，他好，我們都會很好。這樣煎一下、又烤一下，放上起司、再加個蛋的香脆法式三明治，誰不想吃？

「上次我們說過你的遲到問題，這個月我注意到百分之八十已經得到改善，還有百分之二十，如果連這百分之二十都改了，那你就所向無敵了！」（他會記住自己所向無敵，而不是沮喪。）

「我之前覺得你不太關心同學，但上次有一位同學需要幫忙，你幫了他，不過我也注意到你會幫他，是因為他是你的好朋友，如果你能夠把關心別人當做習慣，就算不是你圈圈裡的麻吉，你也願意幫忙，哇！那你真的就天下無敵了！」（他會記得多關心人，自己就會跟著更好。）

我讓他們看到更宏觀的觀點，知道自己一直以來的做事習慣、與人相處的模式已經阻礙了長期發展。他看到問題，帶著肯定與解藥回家，知道我會一路上關照著他、提醒他、幫他發現新的挑戰、跟他一起努力。誰不喜歡會談？

但我絕對不會光說好話，而不要求。假如你明明知道自己表現根本不好，卻遇到只會說「你表現的很好，好棒！」的老師，只會覺得這位老師很「瞎」吧！

聰明要用對地方

我曾經面試過一個年輕人，一談就知道他不能勝任，便請人事部門通知他另謀高就。三天之後忽然接到這人來電。

我說：「我們不是已經請你另做打算嗎？」他說是，但他從名間過來的路上出了車禍，撞到一個女孩，女孩在醫院等著開刀，要先繳保證金四萬七千元。「蘇總，可不可以幫忙周轉一下，我把證件抵押給你，等錢還了，你再把證件寄回給我。」

我才親自面試過他，做完他的身家調查，聽他說得懇切，而且需要的金額又不是三萬或五萬這種隨口說的整數，於是拿了四萬七放在櫃檯，說等下某某某會來拿錢，而且對方會拿出證件抵押，我還刻意交代櫃檯，「可以跟他說不用押證件。」

不久他果然拿走了錢，還打電話致謝，說下個星期會還我。到了下禮拜，沒消息，又過了一個星期，還是沒消息，我等了四個星期後打去他家，是個老太太接的電話。

「你有蝦米代誌？」

「一個月前你兒子說出車禍要賠錢，跟我借了好幾萬塊，還沒還。」

「喔！你不是頭一個啦！」

我吃驚的掛下電話。我猜他履歷上的資料未必是假的，但求職的目的不是上班，而是為了詐騙。這麼細膩的安排，我可遇上詐騙集團的博士了！

詐騙集團是觀察力很強的一群人，他們很用心、很認真的研究人類生活習慣，分析人性弱點。人為何會受騙？通常都是因為怕與貪。

怕，是怕失去珍貴的東西，像自己的小孩、帳戶裡的錢，所以相信綁架、相信檢察官要保障你帳戶裡的錢而掉入陷阱。貪的人則相信自己真的會中獎，從五百萬到十八億都相信，也願意付出高額稅金換取想像中的巨大財富。

此外，詐騙集團的宣傳能力也超強，第一句話就抓住「消費者」的注意力。我曾收過一條簡訊，標題是「傻妹出浴、毛巾包不住」，多好的文案，色香味俱全！而且他們無孔不入，每個人都接過詐騙電話，在他們的訓練之下，全國都知道接到陌生來電要當心，不能輕易相信陌生人，效果比政府花大錢拍廣告、辦反詐騙活動還要實在。

而且詐騙集團最懂R&D，時時刻刻研發新招。假如連續兩個星期沒在報紙上讀到詐騙集團的新聞，那代表他們一定在開研討會，正預備推陳出新！

擁有這樣的才氣、創意與行動力，如果願意認真專注經營正當行業，一定可以做出很好的成績，詐騙集團卻選擇把天分用在欺騙旁人、傷害旁人，真是可惡又可惜！

關心與用心

記得剛接亞都總經理職位不久，在一次消防演習中，主管機關檢查出旅館有扇門有問題，應該向外推的，卻做成了往內拉。這扇門已經存在了十幾年，年年檢查都沒事，這年卻成了危害公共安全的問題。主管機關要求改正，還隨即發布我們旅館消防安檢沒過關的消息，記者見獵心喜，立刻寫了一大篇報導，想要看五星級亞都鬧笑話。

這下不得了，跟我們簽長約的外國廠商全都看到新聞了，紛紛將訪客、員工移往其他旅館，而且告訴我們如果不改善，他們絕對不會安排員工入住，因為不能讓員工住在「危樓」裡。

剛接總經理就面臨這麼大的危機，我茫然不知所措，回家只能發呆。當時還是小學二年級的女兒，看出我的神情有異，主動開口問，「爸爸你怎麼了？」我說，「公司有事，可是，你不懂，爸爸沒辦法跟你講。」

她雖然不懂可是感受到了，這份關心我也確實收到了。她擔憂的表情反倒讓我立刻振作，努力解決困難，靠著這小女娃助我戰勝心魔、度過難關。這是我第一次發現女兒有很好的觀察力。

接著有好長一段時間忙於工作，每天加班到晚上十點才能進家門。有一天剛好在家的附近開會，會議結束決定直接回家，踏進家門才六點半。那時女兒讀小學四年級了，看到我居然嚇了一跳，立刻問，「爸爸，你是不是被公司開除了？」

我又好笑又感動，趕緊說明自己只是開會所以提早回家，要她安心。現在女兒已經嫁人了，每每想起她小時候的童言童語，心裡還是萬分溫暖，因為她好關心我。

還有一次哥哥打電話給我，我沒接到；因為哥哥不常打電話來，立刻擔心是家裡有事情，急著回電，他卻沒接。等我們終於通上電話，他說是他不小心按到了，後來說了一句令我感動的話，「天氣冷了，你有沒有多穿一件衣服？」太太這樣關心我是正常，因為我們是夫妻；但哥哥能夠這樣叮囑我，讓我從心底溫暖到腳趾頭。

擔任老師之後，聽學生們講起擔心爸爸媽媽、擔心哥哥弟弟姐姐妹妹，能夠這樣體恤家人真的很美好，我都會發自內心的跟他們說：「你能這樣關心家人，真的很棒！」

懂得關心，若能多點用心就更好了。有個同學很體貼，注意到我咳嗽了，下課後說，「蘇老師你累了，看起來氣色好糟，是不是身體不舒服？」

我當然感謝他的關心，但也建議他應該改用正面的用語，「氣色好糟」這種形容聽起來有負面感受，寧可說「老師你要多休息」，用正面措詞取代，以免一片好意，突然變成了對別人的壓力。

對待家人也是如此，不要因為是自己人，就以為語氣不必太過修飾，本來是好心提醒，話說出口卻是「天冷不會多穿一件嗎？到時感冒才在那邊唉唉叫！」結果善意沒有傳達到，反而讓對方覺得「你幹嘛詛咒我生病。」一片好意因為表達方式讓對方不舒服，氣氛也僵了，多可惜。

能夠付出關懷、付出體貼，讓身邊的人感受到溫暖，自己也會跟著溫暖起來。開始工作後，也可以將關心周圍人事物的好能力、好習慣，運用到客人、老闆及同事身上。這份用心會成為你的特色，為你帶來善的循環。

階段管理自己的目標

我是個重承諾的人，答應的事一定竭盡所能。在學生面前要罩得住，就是說話要算話，不然無法贏得學生的信賴。

○七那年放暑假前，我跟學生說，今年我也有暑假作業。學生一臉好奇的看著我，想知道我又出什麼新招。我宣布：我的暑假作業就是……從高雄騎單車回到台北淡水。大家聽到都爆出「哇！」一聲，「老師你也在趕流行！」

自從電影《練習曲》掀起了環島單車熱，幾乎每年暑假都有不少人啟程上路，我周圍也有不少年紀相仿的朋友計畫要騎單車環島。很多人聽說我要從高雄騎回台北，一開始半信半疑，後來聽到我要騎一台普通的通勤單車上路，不相信全寫在臉上。

但我真的做到了。只不過，我是分階段完成的，一共花了我五個星期才完成我的承諾。我是怎麼做呢？

大事化小，小事分段執行

第一天，早上五點半，我從高餐大所在的高雄小港出發，沿著省道騎，花了四個多小時，在十點鐘的時候騎到台南市。第一階段行動順利，我很開心的騎著車去吃阿堂鹹粥和福記肉圓，吃得心滿意足又有成就感。我再把腳踏車騎到以前工作過的大億麗緻酒店，請他們幫我「代客泊車」，衣服乾了，再搭高鐵回台北。

一個星期後，我去高雄路竹演講，活動結束後，我從路竹搭電聯車到台南大億麗緻酒店領回我的愛車，繼續上路。這次路途比較遠，我踩了六個鐘頭，天都黑了才抵達嘉義市。先到文化路享用美食，再把單車寄放在嘉義的學生家，學生的家人很熱情的剖了一個大西瓜請我吃。之後我再從嘉義搭高鐵回台北。這是第二段。

第三個禮拜，我一早回到嘉義取車，這次騎經雲林、彰化，花了七個小時才騎到台中。我把單車騎到台中永豐棧酒店寄放，泊車員一臉訝異的看著我，他應該沒泊過腳踏車。

第四個禮拜，我繼續單車與高鐵的接駁行，從台北搭高鐵去台中取車，再度花了七個小時，從台中騎到新竹找我的老友敘舊，這位新竹老爺酒店的總經理聽到我的單車計畫，直呼瘋狂。不用說，我的愛車當晚就寄放在他家飯店的停車場。

最後一星期，我再去新竹將單車騎回淡水，終於完成了我的單車旅行。就這樣，我真的從高雄騎車回到台北，前後花了五天，歷經五個星期。我對這件事很得意，一是證明我體力還可以，二是我說到做到。

在途中，我也遇過一身車衣、踩著高檔公路車的單車騎士從我身邊騎過，但我沒有因為自己的陽春設備或分階段式的騎法感到自卑挫敗，能用通勤單車完成計畫，反而讓我更自豪。

在騎的過程中，常騎到屁股疼痛、手掌發麻，幾乎全靠意志力在支撐，那時我會不斷給自己加油：「你好棒，就快到了，等下就可以舒服的洗澡，吃一頓好吃的晚餐！」然後到達目的地之後，我一定會好好犒賞自己。

當眼前的計畫或工作太過艱辛，覺得難以執行時，可以參考我的方法，先分段實施，訂出可以執行的階段式任務，不用急著想一次就把很困難的任務完成，你會發現，達成目標真的沒那麼難。

下一個寒假，我又花了四個星期，分三天從淡水把單車騎回高雄。我想我是全校用單車南北來回縱貫線的紀錄保持者。

2%

Part 3

只要比別人多2%的積極，就會看到轉機

想是問題，做才是答案

演講時，常有人問我，「蘇老師，你從一開始就知道自己想唸旅館管理嗎？」當然不是，我只是大概知道一個適合自己的方向，選定方向後，一步步去實踐。做得愈多，愈清楚該怎麼調整與聚焦。

光是坐著空想、煩惱，沒有實踐的執行力，終究是浪費時間而已。每回和學生面談，我都會問他們，你畢業前的目標是什麼？你十年內的人生目標是什麼？有些學生懵懵懂懂，聽到我的問題才開始想，「對喔，我的目標是什麼？」

有的學生回答，「我想把英文學好。」「我要拿到餐飲證照。」「我想要出國。」這些同學雖然說出了目標，卻沒思考過具體的執行步驟，於是目標看起來龐大卻鬆散，更重要的是，他們只是想著目標，卻好像沒有圓夢的熱情。

我說，「你想把英文學好，到目前為止做了什麼努力嗎？有沒有每天撥時間練習？聽英文廣播？有考多益的計畫嗎？」

「你要通過餐飲證照，有沒有跟學長姐打聽過該怎麼準備？你知道考試的時間跟內容了嗎？有沒有什麼規定，都查清楚了嗎？」

「想要出國很好，你出國的目的是讀書、工作，還是體驗？你開始收集相關資料了嗎？要去哪個國家？什麼城市？比較過不同的大學或科系了嗎？」

當我進一步逼問時，很多學生都招架不住，因為他們的夢想或目標只是想法，連第一步都還沒有邁開。他們害怕失敗、想太多、不知道該怎麼行動。這些理由都會導致相同的結果，就是站在原點，沒有任何改變，夢想依舊在一個遙不可及的地方。

我會勸學生動起來，不做就什麼都沒有，做了，會漸漸明白哪裡該調整，然後逐漸累積經驗，愈來愈有自信，也愈來愈清楚下一步該怎麼走。即使發現走錯了，人生因此換了另一條道路，這段摸索的過程也很值得，因為你努力過了，並且做出務實的決定。

有句老話說「不怕慢，只怕站」，所以不要想了，動起來吧，去做，才會找到人生的答案。

失敗的月暈效應

最近有位學生畢業之後回來找我訴苦，「老師我不想做了！」才工作十個月就想離職，問他為什麼？他說，因為客人很難搞，很討厭。還有主管很笨，專門做出錯誤的決策。

他說，有一天不是他當班，有個客人對訂房、房價都不滿意，忽然抓狂，把登記文件揉爛、丟在他同事臉上。還有個客人很無禮，要求換房，換了房還是不滿意，一直兇他們。而且明明是客人提出很離譜的要求，主管居然妥協了，後來另一個客人發生意外，主管一樣做了很愚蠢的決策，大家私下都覺得這主管有夠笨。

我問，這樣的事情經常發生嗎？學生說，就這幾次，可是以後還是會遇到這種奧客，主管也還是會做出笨決策！

我說，這十個月來，你們接待過上千組旅客，只遇過兩次難處理的客人（我的理念是沒有奧客，只有難處理的客人），是千分之二的機率。而且你又不是受害者，有什麼好難過？這半年來，主管天天做決策，粗估有五百個決策，但只有這兩三個決策讓大家覺得他笨，千分之六的機率。

我告訴他，你以為人生都是順境，都不會發生問題嗎？客觀來說，這些都是小小事件，只有千分之幾的發生機率，真的不必太在意。一個千分之二、一個千分之六，但在這個學生的眼中卻異常嚴重，嚴重到他覺得必須要離職才行。

這是「月暈效應」（Halo Effect），月亮實際上不如我們看的這麼大，因為我們看到了月暈，放大了月亮的直徑。而這些困擾他的事情也像是月暈，難處理的客人真有這麼多嗎？一千人當中只有二人，其他九百九十八位都不是。主管的笨決策真的這麼多嗎？他做對了四百九十七個決策，只做錯了三個。

我告訴他，「改錯」的完美主義不宜放在工作上，不能只看扣分的地方，要記得，在職場上八十分有八十分的成果，九十分有九十分的效能，不是非要一百分才算數。因此出社會之後，千萬不可以用完美主義來看工作，要從中學習、成長、接納、包容，不要怕失敗，但記得一定要從錯誤的事件中學習怎麼處理、怎麼避免。

這次事件，我建議他慰問遭受客人摧殘的同事，如果再遇上這個客人，同事會不會害怕？問他是如何克服心魔的。假使下次這個客人又來，旁人都不敢接待，只有你敢出面，那你就收服了這匹野馬，也是成就。

在主管的錯誤上，找個機會私下問主管當初為何會這樣做決定，後來怎麼彌補？或者請教有經驗的老師或更高階的主管，聽聽不同的見解。有困擾時多找人聊聊，問旁人看法，從第三者角度看事情往往會比較客觀，也就能夠破解月暈效應的影響。

大家都希望工作順利成功，但工作不可能平順，必須要有承受失敗的準備。一時失敗不代表前功盡棄，你的努力不會消失不見，還是會有成果。就算真的一敗塗地、毫無成果，起碼也累積了「經驗」，不必把小小失敗當成全面潰敗。

挑對，不挑錯

演講時我常在黑板上寫下三個算式：3×5=15　3×6=18　3×7=24，問聽眾有什麼發現？大家都說，「第三個是錯的！」因為3×7=21。一千人當中，大概只有兩人會說，「蘇老師，前面兩個是對的。」

為什麼會這樣？因為我們從小到大都在挑錯中長大，老師改考卷是在錯的題目上打叉扣分，而不是在對的打勾加分。做人、做事也是習慣性挑錯，因此當年輕人在工作上出錯了，往往會不知道該怎麼做才好，甚至想辦法隱瞞，不願意讓旁人發現他做錯了，深怕周圍的親朋好友會對他失望，覺得他不完美。

或許是考試的制度影響了價值觀，因為挑錯的習慣，讓他們戒慎恐懼犯錯，因而對自己沒信心。不妨從今天開始從挑錯改成挑對，換一種角度看自己，雖然有點小錯，但我對了八十五分。雖然有點不完美，但我往理想又邁進了一步。

讚美魔法

要抵抗整個社會的挑錯風氣不容易，需要更多的讚美魔法才有希望。

我有八個姑姑，其中有個姑姑是我心中的「人氣排行榜冠軍」，小孩都愛她，夏天最盼望的就是一群人擠進她家，一起哈哈大笑過暑假。

姑丈很早過世，姑姑靠自己的力量養大了孩子，她家的房子不是親戚裡最大最豪華的、煮菜也不是最好吃的，可是我們都好愛靠近她，因為她非常會稱讚人、鼓勵人，和她在一起永遠都像在寒冬裡晒到溫暖的太陽，心裡熱呼呼、暖洋洋的。

其它長輩只看到缺點，老愛指正我們的行為，說這裡不對，那裡不應該，唯有姑姑不一樣，像我只是普通的跟她問好，她會對我說，「你這麼乖，阿姑尚甲意你！」

「你這麼貼心，阿姑足疼你！」

她可以將我所有普通的優點放大成為天大的好事，我對她撒嬌，她說我嘴巴甜有禮貌，聽得我好高興又好開心，激勵我成為更有禮貌、更體貼的小孩，就算她不給我任何零食，我也覺得在她身邊待著比吃糖果還甜。

等我當上主管、老師後，也學姑姑的方式大力讚美身邊的員工，給他們信心與肯定，放大他們的優點、縮小他們的缺點。很快的，像變魔術一樣，他們的優點真放大了，缺點真縮小了！這就是讚美的魔法。

每天看看自己的優點，給自己一點鼓勵，也放大旁人的優點，多使用讚美魔法、鼓勵魔法，只要是發自內心的表達，相信周遭的氣氛會很不一樣，人與人的距離也跟著縮短了。

贅字世代

現在學生說話的「特色」就是贅字特別多。常讓我想起現場轉播記者。現場連線時，記者愛說「做出了一個……的動作」，像「做出了一個吃飯的動作」，那到底是吃了還是空吃？「做出了一個投票的動作」，到底是真投了票？還是只是做了個動作？

而主播滿嘴的「現在記者來到的這個地方，其實是之前某某某他在讀大學的部分，所精心準備量身打造的設備，也就是說，當他做出了一個走路的動作，來到的是所謂的大學校園」，整段聽下來真的不知道記者或是主播在說些什麼，聽得火冒三丈。

後來趁著跟電視台的特派員吃飯，請教他為何現在記者講話要這麼多贅字、廢話。特派員說，蘇總你不了解，因為主播與現場記者連線時，導播指示這次連線要講兩分鐘，就要講足兩分鐘，但新聞最新發展可能兩句話就說完了，於是記者開始繞圈圈說話，目的是要消耗時間。難怪我們看到的連線報導總是充滿了一大堆的「所謂的」、「其實」以及「做出了個很囉嗦的動作」。

有人做過研究，當我們透過語言溝通的時候，聆聽一方的注意力只有7％放在內容的文字上，55％放在視覺，38％放在聽覺，所以大家說話會比手畫腳、抑揚頓挫，都是為了吸引注意力。長久如此，說話內容愈來愈鬆散。

說話內容要吸引人，千萬不要有太多贅詞，「其實」、「沒有啊」、「藍後（然後）」、「對不對」、「……的部分」，話說了半天，去掉滿口贅詞之後，簡直不知所云，而且容易讓聽者不耐煩，失去注意力。

如果想要掌握講話的神髓，我推薦聽蔣勳老師的演講，他說話行雲流水，從不吃螺絲，一氣呵成，非常厲害。他講的內容可能是美學、可能是文學，一般人未必有機會接觸，但他使用的語言淺而易懂、平易近人。他的厲害就在於，他不用很艱深的理論字眼來顯示自己知識淵博，卻能使聽眾的心產生共鳴。大家有機會一定要去聽聽他的演講。

王文華先生也很厲害，他當主持人要總結所有人的發言時，從沒看他記筆記，但誰講了什麼重點，全在他的腦海中，整理與重組的能力令人佩服。

嚴長壽總裁過去在公開場合說話時，有些小小的「特色」，他講話喜歡推眼鏡、手會不由自主的摸摸大腿上褲子的縫線，我們曾在亞都尾牙上演喜劇模仿他的這些小動作，大家笑得好樂，他也很有雅量接受員工開他玩笑，並且以我們的模仿為鏡，修改多年來的小動作。

好的表達能力可以為專業加分，說話中太多贅詞，只會顯得不夠俐落。但台灣太流行「裝可愛」，接待客人時常說出：「幫您送杯水喔！」「幫您清理桌面囉！」「收您一千元喔！」這些「呢」、「喔」、「囉」語尾助詞，都是媽媽哄小孩的用語，大家都不是三、五歲小孩了，實在不應該在工作的場合用這種語氣說話，否則會顯得自己不夠專業。

想要講話講得好，講得沒有語病、贅詞或是口頭禪，最好能夠請個朋友當聽眾，讓他告訴你缺點在哪裡，因為這些事情往往是我們自己注意不到的。只要有心，就可以改善。

情緒存款簿

以前有個笑話，當空姐心情不好的時候，會跟另一個空姐說，我們去罵客人吧！她們笑嘻嘻地站在走道口迎接旅客登機，看了登機證之後說：「你D這邊！」（你豬這邊）「哩C底家！」（你死在這）

如果心情還是不好，空姐送餐的時候還可以繼續大聲罵客人：「你是豬還是牛？」「豬在這邊！」「那邊是牛！」

這種待客之道是一種「專業的傲慢」，有些職場老鳥在工作熟練了之後，會欺負菜鳥客人，是最壞的示範。公司多半不會在業務守則上明文寫出這類的禁忌，但好的主管會耳提面命，不讓新人沾染這種壞習氣。

職場上難免會遇到難過的關卡，隨便遷怒罵人可不成，找個朋友聊一聊，把心中的垃圾清一清，心情會比較清爽，肩頭的擔子彷彿也輕了。

如果實在找不到推心置腹的朋友，或不習慣跟朋友講內心話，可以準備一個本子當做「情緒存款簿」。當情緒來了，像存款簿一樣記錄下各種情緒與事件，正面的用藍筆、負面的用紅筆，一段時間翻一翻，看到底是高興多，還是生氣的多。這個情緒存款簿的好處是它沒有嘴巴，絕對不會到處宣揚。千萬不要記錄在公開論壇、部落格、臉書上，免得萬一曝光引起困擾。

有些問題在寫的當下，覺得一定沒救了，肯定過不了關，但後來也許坑坑巴巴的，還是過了，記下解決的方法，然後用力槓掉！如果當時的困擾消失了，也可以劃掉，像是原本討厭的主管，在你鼓起勇氣跟他溝通之後，不再這麼挑剔你的舉動了，這個壞情緒便可以劃掉。

書寫確實是一種很好的療癒方式，如果一段時間下來，你發現自己只在生氣的時候寫下負面存款，久了，整個存款簿都是紅字。要記得調整一下，提醒自己多多記錄快樂的時刻，記下好的、幸福的、善良的，當做正面存款，並且表示感謝，這樣情緒才真的得到平衡，身心才能放鬆。

即使只是客人握著手說，「這家旅館真好，有你這麼棒的員工！」或是業績達到了，或是完成了一項困難任務，都值得記錄下來，讓原本烏雲密布的天空，出現一些鑲了銀邊的美麗雲彩。

多記些美好的事情，在心情不好時可以看這些正面紀錄來鼓勵自己。慢慢的，正面的紀錄會增加，負面的會消失，因為能從正面的經驗中學習、成長，自然就讓負面情緒消退了。

聖人的頭上都有一圈光環，成功、光明也有月暈效應，如果旁人想到你，覺得你很積極、正面，這會讓你更加的積極、正面，形成正向的循環，讓彼此的光環都愈來愈明亮。

走出情緒的谷底

推理小說常描述到，警方處理死亡現場時必須研判這是自殺還是他殺，如果沒有遺書、行事曆裡還預約下週要參加某個活動，通常是遭到謀殺，因為想自殺的人不會幫自己安排未來的活動，只要他還有小小的期望，哪怕只是想找家小店吃吃蛋糕，就不會放棄生命。

人的生活問題，說穿了是比例問題，當我們花太多時間在憂鬱、想不開、痛苦，自然會覺得人生什麼都不是。如果按照原本的生活規劃活動，該上班就上班、該工作就工作、該教書就教書、該掃地就掃地，照表操課，即使情緒不好，起碼該做的事情都完成了，也能帶來成就感。

人生就是喜樂與哀愁的交織，喜樂多了、成就感多了，就能帶來正面的感覺，逐步讓好的比例上升。覺得自己快撐不下去了，就預約個小活動，給自己一點小小期待，或是出去跑跑步、活動一下。

運動有助於改善情緒，因為運動會讓大腦產生多巴胺，讓人感到滿足、穩定情緒、提升自尊心。運動時還能想到極好的點子，因為血液循環變好，會刺激腦部，往往不那麼鑽牛角尖、不那麼自責的時候，答案就忽然彈出來了。就算什麼都沒改變，至少訓練了體能，身體變健康，晚上比較好睡，精神也變好，不會一直煩惱著失眠、白天工作更疲憊，進入不好的循環。

很多人會在心情不好的時候拖地、洗馬桶、整理衣櫃，透過丟東西來清掉心裡不舒服的感受。如果有蒐集東西的嗜好，也可以趁著心情不好，好好把收藏品全部整理一次，都能夠讓心情平和下來。而且收拾完畢，家裡煥然一新，人也跟著神清氣爽。

覺得苦悶時，還可以參與公益活動。助人最快樂，而且透過幫助人擴大自己的生活圈，接觸新的事情，不至於將時間荒廢在懊惱上。

當我們透過跟朋友傾訴、寫下憂愁、運動發洩、專注在正事上之後，情況應該有所好轉，這時候不要吝惜獎勵自己。可以看場電影、發呆、放空，都是給自己的獎勵。

也許轉角看到一家很多人排隊的小店，你莫名其妙的跟著排了，意外的發現沒嘗過的好滋味。多好！就算生活環境不是頂好，但懂得怎麼開心過生活、找樂子，常常給自己一點「多好」，每天生活就會變好。樂觀面對低潮，就容易度過難關。

分享的快樂

以前在亞都當總經理時，每逢春節就是我當年度賭神的時候。春節期間旅館依舊維持運作，員工還是得來上班，所以總經理在除夕、初一、初二都要發紅包，而且亞都有個潛規則，歡迎員工到總經理家拜年，以前嚴長壽總裁如此，後來我接手了，也是如此。

那時我還住在兩千坪的二層樓老洋房裡，早早就跟家裡的姑姑嬸嬸講好那天員工們會來拜年，請他們準備好食物以及賭具。每回都是我做莊，而且都在蘇家中堂開賭。

後來他們總算明白我為何要在中堂賭，因為蘇家從清道光十八年（西元一八二八年）來到台灣，堂上供奉的祖先就有六代，到我已經是第八代，這麼多祖先幫忙助陣，我這莊家怎麼可能會賭輸！每個員工拿著自己過年的紅包，外加我現場擲骰子奉上的賭金，人人賭資豐厚，但賭完幾輪之後，所有的錢都回到我手上了。

不僅在台北如此，當我到台中永豐棧，員工以為我的蘇家列祖列宗距離遙遠，應該沒人護體，殊不知十賭九輸，只有莊家不輸，所以幾輪下來，大家的新鈔全又回到我手中。但這筆賭資我可不會留著，過幾天旅館辦春酒，全數捐出抽獎，而且請董事長加碼，有時弄一弄可以逼出幾十萬元現金，外加本來就準備好的機車等禮物，讓員工抽得眉開眼笑。這就是分享的快樂。

學校每年發給老師一件衣服，我都會轉送給負責清潔工作的大姊。分享給她，是因為她是學校裡最重要的小人物，她只要一天沒上班，大家都會過得辛苦，因為沒有人幫忙整理環境。但校長一天不上班……嗯，好像還好。

分享不單只是金錢或物質，我還會分享經驗，多鼓勵員工、多聊天，聽他們意見，多交流，甚至關懷、知識、人脈，都能分享。

當老師之後，我會跟學生分享時間，每個人都可以跟我約時間談事情，有些老師還像轉診一樣介紹他們的學生跟我聊聊，我也樂於分享，即使有空的時間已經少得可憐。

經過這十幾年跟學生相處與觀察，發現獨生子女的比例變高了。當家裡只有一個小孩，小孩會覺得所有人對他的付出都理所當然，沒有分享的習慣，也失去了學習分享的機會。

不懂分享的人出社會之後會吃虧，因為做人不能光拿，也要會給。要懂得跟別人保持良好交流，大方跟同事、客戶分享資源，甚至更進一步，連競爭對手都能夠分享，說不定你們就從敵手變成盟友了。

要感動，不要驚動

當飯店總經理時，有天一位外國旅客用英文跟我說，「蘇先生，我要抱怨，你們員工的英文太好了！」我很驚訝，問他，「你是要讚美還是抱怨呢？」

他說，早上搭電梯下到一樓大廳，他站在電梯口，門一開，一位員工急著上樓，剛好貼著電梯門站，一張大臉忽然出現在他面前，把他嚇了一大跳，脫口而出：「You scared me!」（你嚇到我了！）

我們這位員工不知道是不是個性太俏皮，還是英文太流利，竟然回他：「You scared me, too!」（你也嚇到我了！）

我聽了臉上三條線，能教出英文好的員工，卻不一定能夠提供好的服務，反而給了讓他回嘴的能力，這是我們飯店的責任。

這位員工的錯誤在於他不知道自己的定位。如果他在以時尚出名的W旅館工作，這樣的反應是可以容許的，因為飯店整體都有個性、都很酷。但台南這家飯店不是這樣的風格，是間很高雅的商務旅館，員工應該提供貼心服務，即使用台語說「未驚末驚」，都比用英語回嘴得宜。

這位年輕員工可能以為自己表現俏皮、幽默，殊不知已經冒犯了旅客。他的英文沒有問題，但態度很有問題。

練習得體的對話

多年前有位非常紳士的老客人是亞都的熟客，每次來台北一定住在亞都。他是香港人，是當時少見的教育訓練講師，他教了我許多英國社會禮節。

有天他跟我聊到旅館裡的一位員工，這位員工提供任何服務之前，都以「I'm sorry」開頭，送個咖啡「I am sorry」，添個酒「I am sorry」，讓紳士客人想要戲弄一下他。

「What is your name?」（你叫什麼名字？）

「I am sorry, I am Howard.」（對不起，我叫霍華。）

「Are you sorry or are you Howard?」（你到底叫對不起，還是叫霍華？）

英文的「I am sorry」是很嚴重的，真犯了「錯」，才能使用。如果只是說聲不好意思，送給水什麼的，只要「excuse me」就夠了。

說外語的時候切記弄清楚外語的詞意，很多生活用語光靠課本還不夠，建議可以多看好的影集、電影，看看男女主角怎麼說話，怎麼回應。不見得要看莎士比亞的戲劇，譬如可以看「穿著Prada的惡魔」，看看梅莉史翠普如何用簡單的語言讓她的屬下置身地獄。

多看文藝片、商業片，參考商業人士怎麼措詞、用哪種態度說話。千萬別看太多俚語的影集，如果主角動不動就說「you know……you know」、「and……and」，那趕快轉台！

不知道怎麼說話才得體，那就多多練習。講英文跟講笑話一樣都需要練習。當我學到一則笑話，會一次一次講給旁人聽，觀察對方覺得好不好笑，該怎麼加強。講順之後，就能把這個笑話加上自己風格，變成了我的笑話。

講笑話尚需如此，學英文也該這樣，多說、多聽、多練習、多揣摩，漸漸會懂得該怎麼拿捏分寸。

所謂應對進退，就是在不同場合，會有不同的判斷需要斟酌。新進員工要學習應對進退，最重要的就是要多看主管怎麼跟客戶互動，學習他們的應對禮儀，伸長耳朵聽，模擬他們使用的詞句，吸收他們的經驗，再化成自己的智慧。

開會的學問

台灣人與美國人、日本人、中國人開會的方式不一樣。

美國人在會議上提出議題討論，人人都有意見要說，七嘴八舌，後來決定投票，三票勝兩票，決定依照三票的方案進行，散會。

日本式會議的進行方式是由主管報告，簡介有三項方案，但他的問題是「選第三項好不好？」眾人說好，於是選擇了第三方案，散會。為何大家都沒意見？因為主管已經在會議前協調好了，會議只是記錄結論。

大陸式會議是黨中央決定，散會。因為少數領導、黑箱作業，領導決定了就做，不需要溝通，反對也沒用。

台灣式會議往往在會議之前只知道會議時間與地點，不知要談哪些議題，會議當天當場交鋒，大家意見不同，也不聽對方說什麼，一陣吵鬧後決定按照民主程序表決，三票對兩票。票數少的說「你是多數暴力！」回去告訴其他人這家公司沒救了！一個傳一個，大家都覺得公司要倒了。

我們在學校沒學過怎麼「開會」，偏偏工作中經常需要開會，開會是一門很重要、但沒人教的學問。開個好會的祕訣在於一定要做好「事前溝通」。先將自己打算提出的方案跟大家溝通，取得眾人支持，在會議上才會有人幫腔、有人支持，讓自己意見加分。

大多數的人遇到意見衝突，說起話來難免比較大聲，這時候更要記得控制情緒。而且當大家愈激動，你愈該冷靜。假使雙方對峙，意見相左，與你同陣營的人愈講愈激動，簡直要拍桌跟對方互罵了，這時你得要趕緊安撫他，讓他先坐下來喝口水，換你用比較慢的速度與緩和的口氣描述整件事情，先從異中求同、肯定對方與你們相同的主張，然後用較為圓融的說法解釋你們的立場，雙方有進有退，讓對方不致沒有臺階可下。

即使身為會議主持人，也應該事前多溝通，在會議前先說明即將討論的事項，先了解眾人的意見，讓會議進展更順利。

我曾在學校主張改革學生的實習制度，為此學校也開會討論、徵詢各方意見，可惜投票時我正帶著學生出國旅行，無法在投票現場繼續遊說。下飛機回到台灣，校長來電告訴我表決結果，大多數的人投票贊成原本的方案。

我說，「校長，既然大家都這樣認為，那我沒話說，未來也不會再提出這個方案。」任何表決結果都可能不如己意，但尊重得票結果是民主的成熟表現。千萬不要一意孤行，覺得自己的選擇才是最好的。

既然花了時間開會，至少最後要做出結論，最不好的情況是，會中提議討論某件事，許多人不參與討論也不發表意見，甚至連最後舉手表決都不舉手，卻在會後對眾人達成的結論抱怨連連。這種態度才是最要不得。

多發表自己的意見，多幫眾人爭權益，但也要尊重大家的意見。經常練習就能懂得該怎麼發言、該怎麼讓會議進行下去，也許一開始不成功，但多努力幾次，就會愈來愈駕輕就熟了。

與問題共存

有一回到某公司演講，一位年輕人舉手提問，「請問該怎麼跟喪心病狂、麻木不仁、冥頑不靈、一意孤行的老闆相處？」此話一出，全場哄堂大笑。我問，「你老闆在這裡嗎？」他點頭，「嗯！」看來這個小子不想活了，於是說個故事給他以及他的喪心病狂老闆聽。

一對夫妻結婚久了，對於「那檔事」失去興趣，兩人看醫生接受治療。回家之後，先生忽然像變了個人似的每天晚上都對太太很熱情，表現大大不同，讓太太又驚又喜，很好奇醫生到底開了什麼藥方。

她注意到先生上床前都會關在廁所很久，懷疑可能正在練九九神功，於是打開門偷看，只見先生對著鏡子反覆說著：「她不是我太太……她不是我太太……」

我也做過類似的事情，當然不是上床前自我催眠，而是在上班前對著鏡子說：「去上班！愛你的老闆！」「去上班！愛你的員工！」「去上班！愛你的客人！」然後才有勇氣走出房門，迎接一場又一場的纏鬥。

我那時遇到的老闆不是「喪心病狂、麻木不仁、冥頑不靈」，只是沒合作過，他是製造業出身的殷實商人，想做旅館卻從沒接觸過旅館業；而我一輩子做旅館經營，根本不了解製造業的經營邏輯，因此他急的時候，常常找我密談、懇談、談了又談；手下又是一批新員工，太嫩，在工作上沒有默契還常出錯；客人經常抱怨菜不好吃、房間不好，內外煎熬，異常辛苦。

一陣子之後，嚴總裁問我，「蘇總，你最近為什麼總是悶悶不樂？」我講了一下工作上的狀況，客人很有意見，老闆很有意見，連員工也很有意見，問題很大。

嚴總裁說，「能換員工嗎？」

「不能，他們也不是不好，就是經驗比較嫩。」

「你能換客人嗎？」

「怎麼可能！這裡的人就是這樣，一定要面對，只是需要時間。」

「能換老闆嗎？」

「可以！」

「怎麼可以呢？」

「我可以走人吧！」

嚴總裁說，「但是你想嗎？」「我不想！」我不是個輕易放棄的人。嚴總裁說，「既然都不能換，那你得想辦法跟這些問題共同生存。」評估之後，前兩個問題假以時日就能夠改善。老闆的問題也需要時間，等贏得信任，就會逐步磨合。

人生總會遇到阻礙，而且多的是沒辦法移除的障礙，不管過了多久還是擋在眼前。好比父母親、天賦、身材、娶嫁的對象、生下的孩子、工作，都不是想換就能換的。當我們不能解決問題，就必須學會轉念，與問題共存。

轉念之後心態會不一樣，問題雖然還是沒有解決，起碼心情可以走出陰霾，不必只是對著鏡子自我催眠：「她不是我太太……她不是我太太……」

有目標的時間管理

許願神有天決定大放送，要給凡人四個心願，保證可以成真。

大家很快寫好了，有個人寫下想跟林志玲交往、開法拉利跑車、多跟家人相處、環遊世界。後來神說，祂後悔了，決定只給三個願望。於是這個人去掉了法拉利跑車，反正法拉利開上路也很難飆車。

不久神又反悔，得再刪除一個願望。這人很痛苦，三個都是他很想要的，考慮很久，決定不要環遊世界好了，起碼他還能跟林志玲交往，多享受天倫之樂。

但神又說，很抱歉，你只能有一個願望。這人陷入天人交戰，是該跟林志玲交往，還是多跟家人相處、享受天倫之樂呢？他決定還是把握一生一次的機會跟林志玲交往好了。

這時候神說了，你這麼想跟林志玲交往，但每天花多少時間為這件事情努力呢？他說，沒有。神說，你每天連一分鐘都不肯花在她身上，那我也沒辦法幫助你了。

這是我的朋友徐芳說的故事，她說，這就是時間管理，帶有目標的時間管理。很多人以為時間管理就是在行事曆上排了許多事情，不！沒有結合目標的時間管理只是做夢。

人的一生是個桶子，每個人的桶子大小都差不多，最大願望是大石頭，緊急事件是鵝卵石，例行工作是小碎石，逛街聊天、上臉書、去屈臣氏找找有沒有快要到期的便宜商品這些打發時間的事情則是細沙。

如果我們先往桶子裡裝上細沙，然後放進小碎石，再放一些鵝卵石，這時候桶子已經半滿，根本放不進大石頭。就像你的時間都耗在上網、聊天、逛街，或窮於應付緊急事情，再也沒有時間完成夢想。

因此，應該先放入大石頭，空隙塞進鵝卵石，放完之後再填入小石頭，以為已經滿了？桶子搖一搖，居然還放得下很多沙子。

行事曆上一定要先安排自己最在乎的大事，再應付急事，有空再做瑣事，這就是時間管理。而且要想辦法落實在每天的生活當中。

想環遊世界的人可以找一份經常到國外出差的工作；想多陪父母，可以每天打電話跟他們聊天；想跟林志玲交往，起碼要創造相遇的機會，像是去她家樓下站崗（但我相信她應該會報警把你當痴漢處理）。想開法拉利，可以從收藏法拉利輪胎開始，或是想辦法進入這個產業，到出租超跑的公司上班，很容易就能開到法拉利跑車。

時間管理可以成為工作、生活甚至人生的引導，時時刻刻提醒自己要的目標與方向，只要心中有目標，即使看電視也可從中蒐集你需要的資訊，不算浪費時間。生活因為有了目標，每天都是累積，再也不覺得空虛。

挑好公司，還是挑好主管？

「蘇老師，我好想離職哦。」一聽到聲音，我就想起這是那位剛畢業，才上班三個月的學生臉孔。他的第一份工作讓學弟妹都很欽羨，是一間規模頗大的休閒育樂公司龍頭，旗下有飯店、餐飲、主題樂園，而且以第一份薪水來說，待遇也不差。

問他為什麼想離職，他說，「主管很機車，疑心病又重，又很愛挑剔，我快受不了了。」

我問他，如果有兩個選擇，一個是有品牌形象的大公司，可是主管很糟，壞事都推給下屬；另一個是規模小、沒有制度，可是主管都很友善、會鼓勵員工，替員工著想。你會選擇哪一間公司？

他一臉茫然，「我沒想過這種問題耶，這有差別嗎？」「當然有差囉，」我分析給他聽。

第一個選項是「好公司爛主管」，短期看來，公司會成長，主管可能會換人。壞主管走了，你就熬出頭了。

第二個選項是「爛公司好主管」，爛公司沒什麼前景，但好主管可能會跳槽，他跳槽未必會帶你一起走，你就被困在一間沒遠景的組織裡。

這個問題是在GE前總裁傑克・威爾許的文章中看到，他選擇可以發揮的舞台，不在乎其他的枝枝節節。可是，當我拿這問題去問身邊的人，多數人都選了後者，很多人都覺得主管好相處是評量工作的重要指標。

因為人情、交情好而窩在一個沒有發展的組織裡，一旦景氣緊縮或中年失業，自己還有沒有機會找到新的工作？

反觀能「專注」在工作本身的人，即使工作上有干擾，即使主管機車，他還是把目光集中在未來的目標努力前進，忽略了辦公室的是非與八卦，把主管的過分要求當成磨練自己的機會。

「那如果遇到爛公司爛主管，不就完蛋了？」學生問了第三種選項。

確實這也是可能發生的現實，人生難免拿到一手爛牌，但還是得繼續打下去。只能先把自己的角色扮演好，儲存實力，將來有機會改變環境時，就可以好好發揮了。即使沒有機會，你也已經有實力轉換跑道了。而且，要期許自己將來要當好公司裡的好主管，可別讓屬下跑去找老師吐苦水了。

薪水是短暫的，將來才是重點

有天，小巴專程從新加坡打越洋電話給我，告訴我他升官了！

小巴是個很特殊的學生，我最記得大四那年班上同學都不愛穿制服，隨意穿著運動服出入校門，教官對大四生睜隻眼閉隻眼，不多加干涉。我跟小巴說：「你們應該好好想想現在該穿什麼衣服進入校園，將來在飯店工作也要穿制服，穿制服是種榮譽。」隔天他開始穿回制服，而且不僅如此，他身邊的同學們也都紛紛穿回制服，一路穿到畢業。雖然只是小小的改變，讓我確認他很有影響力。

畢業之後他到新加坡旅館擔任基層員工，一開始常常打電話跟我抱怨經理就愛K他！我問，經理只K你嗎？他說是，很奇怪，好像特別看他不順眼。我說，恭喜，這是經理看中你，才這麼不厭其煩的K你！

當時他只是員工，上面有領班、值班經理，我的判斷是經理發現小巴不太一樣，才刻意對他有更高的要求。小巴聽了我的意見，願意虛心學習，不久果然升職成為領班。

後來，小巴又高興的打電話告訴我有人要挖角他，在台北實習時的總經理到澳門幫某賭場開了新旅館，指名要挖他。我心想短短一年的實習都能讓同事、客人都喜歡他，甚至讓最高層的總經理留下深刻印象，有一套！

我看小巴興致勃勃，劈頭澆了他一桶冷水：「小巴，不要去！」「蘇老師，為什麼？」我說，「因為賭場的旅館通常都是附屬性質，只是站櫃檯給鑰匙而已，沒有人在乎到底旅館好不好；其次，總經理賞識你當然是非常好的機運，但如果未來靠山調走了，會帶著你一起走嗎？不如留下來讓現在的經理繼續盯你吧！」

小巴聽了我的意見決定留在新加坡，這天他好高興的說升上值班經理，如果當時真去澳門上班，搞不好現在還只是個領班，要跟七八個領班搶升職機會。

我有沒有跟小巴談到薪水？沒有，因為「薪水是短暫的，將來才是重點」。年輕人選擇工作不能只看薪水，還要看前瞻性。加薪挖角固然好，但對未來真的好嗎？

許多行業都跟旅館業的敘薪結構很像，一開始低階的工作薪水很少，但爆發力強，逐漸累積經驗與實力，幾年之後到了某個職位，薪水會大幅向上調升。如果一直因為薪水高個一千兩千而跳槽，到每個地方都沒法練好基本功，久了還是累積不了實力，更建立不了自己的聲譽（reputation）。不論那一行，聲譽最重要，好聲譽會跟著自己一輩子。

從前輩身上學本領

Eric是一個我很看好的學生，一開始工作就成為儲備幹部，公司派他到廣州的香格里拉學院受訓，回台灣便升為值班經理。我提醒他一年後就該打算調職到集團旗下其他旅館，即使公司沒安排，也要主動申請。

他也有類似的想法，但擔心台灣護照不好申請到某些國家工作。我說，你夠優秀，公司就會幫你解決。

至於該去哪裡，我建議他可以從兩個角度考量，一是挑旗艦店，集團旅館有大有小，應該要找一間位於大都會、旗艦店等級的五星級旅館。像是在香港、新加坡、上海或是北京，待在這樣的旅館更能豐富自己的經歷。或者是挑人，找集團內部一位好的總經理，跟著他走，將他當作典範，跟他學習。好的老闆往往會影響自己一輩子。

我問他，實習時經歷了兩任總經理，是哪一國人？個性怎麼樣？他說都是德國人，非常嚴格，也非常專業，讓他學到了好多。因此我給了他一個「錦囊妙計」，去學點德語。若能用德語跟總經理聊天，對方會很高興且印象深刻，這是在職場升遷順利的小絕招。

後來公司又換了一任總經理，不同國籍。我問Eric，這兩任總經理有什麼不同？他說，有次某間客房的電子零件忽然悶燒，上一任總經理是德國人，他帶著總工程師親自檢查了好幾間房間，討論為何會悶燒，終於找出問題的癥結，然後解決。但繼任總經理是另一國籍，遇上類似的事件只看報告便批示更換新品，沒有實地調查。

哪種做法比較好，值得效法呢？一位務實、一位不務實，就會產生差距。但如果不特別比較，又怎麼會發現兩位總經理的差異？

因此我建議Eric養成記錄的習慣，逐日在本子裡記下工作中發生的事情，也可以寫下發生了但還沒處理的事情。好比今天有個客訴，他先寫下自己的處理方式，之後記錄下總經理的決策，如果兩者相同就得分，如果不同，而總經理的決策確實比他高明，可以從中學習。如果他覺得明明自己的決策比較好，不妨先記在心裡，等過兩三個星期、趁著總經理心情好的時候再請教他，也許總經理的考量確實比較通盤，就又學了新招。

不要小看這樣一本日記或是筆記本，裡面記載的都是精華，每個例子都是個案，這就是專屬自己的「寶典」。身為中間幹部一定要養成這個習慣，一陣子之後，也可以當成傳授後輩的最佳教材。

學習、成長不一定要讀EMBA，能在工作當中隨時維修自己，上進，找方法、找個案，常常進修管理能力，就會有成就感，不容易讓挫折打敗。

2%

Part 4

只要比別人多2%的用心，就會表現亮眼

人生不是藍圖，是拼圖

高餐每年有個「餐旅大師」講座，第一年學生邀請了嚴長壽總裁，第二年，他們開出的名單匪夷所思：阿基師、吳寶春、詹姆士（這三人起碼還是餐飲業），再往下看：于美人、陶子、Janet？？我問，「這些藝人跟餐旅有什麼關係？你們根本沒抓住重點！」

後來學生們琢磨半天，希望邀請奧美廣告董事長白崇亮，於是我透過朋友邀請白董事長，他也答應了。白董事長問，該說什麼題目呢？我說，這個年紀的學子生長在22K的悲慘世界，希望能談「悲慘世代年輕人的工作觀」。

白董事長看到題目顯然嚇了一跳，他希望能改一改，最後定調為「少年PAI的奇幻工作之旅」，他還自備海報先寄到學校宣傳，仿照電影劇照，但少年PI的臉換成了白

（PAI）董事長的臉，果然是創意人！

白崇亮董事長出社會的第一份工作是在一間化學公司擔任總經理的特別助理，他說，前一任特助交接時告訴他，這工作很無聊，就是跑腿、做會議記錄、收發公文。一開始他也覺得這份工作乏善可陳，不適合他。

但後來轉念一想，又沒人禁止他看公文內容，於是他細細閱讀每件公文，了解這家規模相當大的公司內部發生的大小事情，而且他還試著從董事長的立場猜測他會怎麼批這份公文，如果批示跟他設想的不同，便研究為何如此，於是看到了老闆的角度，有他沒考量到的關鍵點。

後來，白董事長成為最了解公司的人，儘管他根本不是管理職，卻學會如何從經營者的角度看公司，這段時間的歷練讓他眼界大開。

白董事長說，「人生是拼圖，不是藍圖」，不可能有一條預定的康莊大道等著你走，都是一路學、一路看，每次的體驗都能幫助自己成長，但也不是每個選擇都必須接受，可以看看自己手上擁有的，想像一下拼圖的全貌，捨棄不需要留戀的，就能拼出一個自己想要的人生版圖。

白董事長學理工，後來卻轉念企管，最後成了奧美廣告的董事長，他的生涯轉了好幾次大彎，因此他說「人生不是藍圖」，誰能規劃自己未來的樣子？但我們可以透過一次一次的經驗，從中認識自己，知道自己要什麼、不要什麼，就算是一個自己不想要的經驗，也可以從中挑選、抽取、學習到想要的經驗。

任何職務都不必看輕自己，可以像白董事長一樣，即使是個小助理，卻讓他學會以總經理的高度看公司，讓他打開了人生的視野，對日後工作有莫大助益。重要的是要在過程中認識自己，想清楚自己想要什麼，學著發現自己、認識自己，從學習中學會更多的事情，找到自己的興趣，自然會引導出一條全新的道路。

隨著自己的歷練增加、經驗增加，所有過去累積的知識與所學都不會白費，都會

成為未來的你的一部分，一段時間之後回頭一看，恍然大悟，原來人生真是拼圖，
不是藍圖。

堅持下去就有希望

電影「神鬼交鋒」裡，飾演李奧納多的父親角色，在片中講了一個很有寓意的故事：有兩隻老鼠掉進又大又深的牛奶桶裡，第一隻老鼠眼看腳下深不見底，又跳不出去，很快就放棄掙扎，沉下去淹死了。第二隻老鼠不願意放棄，依舊死命的划動，不停地划、不停地划，最後它周圍的牛奶竟然被攪拌成了一小塊牛油，第二隻老鼠就踩著牛油逃了出來。

你想當第一隻老鼠，還是第二隻老鼠？

媒體經常報導大環境有多壞，年輕人也覺得自己的處境是前所未有的糟，跟著一起唱衰，覺得自己生錯時代，倒楣死了。如果因為環境差就消極不作為、意志消沉，不就成了第一隻老鼠，連划動一下手腳都不肯，就在大環境中滅頂了？

有危機意識的人明白，有時候努力掙扎，不一定活得了。但不努力，絕對活不下去。

如果能不管周圍的雜音，還是朝著自己的目標前進，保持著正面積極的態度，相信我，你的努力會被看見的，尤其是跟老是抱怨的人相比，你的態度就成了明顯的對比。一旦升職的機會來臨，你就能早別人一步，踩著牛油跳出來了。

想想看，如果你是主管，你也不想提拔成天都苦著一張臉，好像做什麼都不情願的人吧？誰都會想跟積極主動的人共事，不是嗎？

而對一些更有想法、更有創意的人來說，或許根本不覺得大環境不好，他們反而覺得這些都是轉機、都是機會。在他們眼中根本不存在牛奶桶，早就用自己的創意跳出這個框框了。

走岔路，不迷路

爬山時攻頂是最困難的，有人想要直線上升，從低處一路往高處爬，步步艱困，遇到難度高的地方，怎麼也爬不上去。有人採取之字型的路線，先切左邊，再切右邊，這樣走起來不那麼陡，雖然花了點時間，但體力上耗損較少，反而容易走完全程。

成為中間幹部之後，大家都想更上層樓，至於怎麼往上走，需要花點心思。好比我當年在客房部多年，老闆忽然問我要不要去餐飲部歷練一下？我心想「千萬不要！」這讓我回想起在美國讀書時，吃什麼都得自己煮的那段苦日子，在學校讀書時就發誓以後絕對不走餐飲，而且餐飲部的生態遠比客房部複雜多了……但我，還是點頭答應去餐飲部。

那一年在餐飲部的歷練，後來對我升上副總職位助益非常大，其他副總只懂自己專精熟悉領域的業務，餐飲就只懂餐飲、客房就只懂客房，像空軍只當過空軍，海軍只當過海軍，只有我橫跨各個領域，餐飲、客房、業務，海陸空三軍都當過，還做過後勤補給！因為有了這些歷練，考量事情時不會只偏袒自己部門，而其他部門想騙我也騙不過，因為，每個位子我都坐過！

這就是年輕人在中階管理階層該有的心理準備，想成長，就不能拘泥在自己習慣的領域，不怕新的職位挑戰、不怕接觸新的領域，要逼自己到本科之外的地方去看看，不要死守在同一個地方。

而且想在同一個領域超越主管非常困難，這就是職場生態。但調動出去再調回來之後，往往可以升為主管的主管。所以在職場上懂得選岔路，反而走得快。

年輕人往往不願意跨出自己擅長的領域，深怕跨出去之後失敗收場，其實失敗也能增加經驗。

去國外旅行時，我喜歡隨身帶著旅館的店卡，一大早在陌生城市走走逛逛，遇到岔路就挑一條有趣的街道探一探，在每個路口記下明顯建築物當作指標，就這樣走上一個小時，然後折返，靠亂走來認識這個城市，用腳畫出屬於我自己的地圖。就算真的迷路，可以拿旅館店卡問路人，或是搭計程車回去，用不著緊張。

真實的人生不是一條單行道，不是靠正確答案就能解決一切問題，學習走岔路，學習面對人生的危機，比考試考得好更重要。因此找工作、旅行，甚至談感情都不要怕「岔路」，我常鼓勵年輕人多與人交往，只要多情不濫情，不傷害旁人，發乎情止乎禮，會知道甚麼樣的人生伴侶比較適合自己。

但是，走岔路還是要注意安全，人生可以有不一樣的體驗，但絕對不要危害到自己，千萬不能因為貪心而迷失了自己，那就得不償失了。

比別人多2%就可以進化

最近看了一部美食電影「冠軍廚房Noma」（Noma at Boiling Point），說是美食電影，但食物看起來不太美味，因為影片裡的氣氛令人不安。

這部片以世界排名第一的Noma餐廳主廚雷奈為主角，記錄他與他的廚房。雷奈在廚房裡是暴君，整部電影不停的聽他用髒話咒罵所有人，「你們要記住，今天是我們餐廳最爛的一天！」「閉嘴！」「你在F～我嗎？」

如果先看過廚房內部的狀況，再吃到他的菜，一定覺得食物是苦的。因為做菜的人不停挨罵，肩膀上扛著無窮壓力，眉頭揪成一堆卻必須做出美味的食物，真夠諷刺。但片中他說了很重要的一件事情，雷奈問他手下，「你們知道人與猩猩有多大的差別嗎？」大家默默無語。「只有2%！人類與猩猩只有2%的不同！」

這句話讓我覺得珍貴到足以忍受整部片的謾罵與髒話。夠努力，你做的菜就是人類的智慧結晶；不努力，那你只是隻拿著鍋鏟的猩猩。

人與猩猩的基因差異很小，就是這2%的微小差異，讓人之所以為人。生活上也是這樣，如果你能夠比旁人多付出2%的認真、2%的熱忱，能多接受2%的壓力，當旁人放棄、崩潰、認輸的時候，你沒有，結果很可能就讓你進階到下一個層次。

每一個階段的差距都像黑猩猩與人類，很像，但就有2%的不同，至於要怎麼才能多擁有這僅僅2%的不同，請多多閱讀、多多思考，閱讀會帶來很多想法，讓你知道世界有多大。

我讀過一本書叫做《我們的身體裡有一條魚》，描述人類的骨骼構造跟魚類有多麼相似，證明我們的確是從魚演化而來。我覺得職場也是一種進化論，是一段菜鳥自我進化的歷程。

新進員工是魚，很多特徵都還沒發育，沒有手、沒有腳，只能在水裡活動，離開水就活不了。等受到刺激，鰭變成四肢，進化成兩棲類，等於是當上幹部，活動範圍變大了。

繼續多一點付出、多一點努力，幫自己找到更多能力，當上經理，就進化成哺乳類，可以不受季節天候限制、自由地遷徙。若要成為能獨當一面的領導者，就需要更多付出，那就會再進化為人類，有自己的想法、靠雙手做事，甚至可以研發創新，成為萬物之主。

想一想，在這個職場進化表中，你在哪個位置，你的目標又在哪呢？

做好小事，就是成就大事

教書十多年，學生們都對我不錯，上課前都會幫忙擦黑板。其中有個學生美娟讓我印象特別深刻，因為她把這個普通任務做得特別傑出。

美娟擦黑板很用心，從頭到尾擦完後，板擦打好，丟掉細小的粉筆，清理粉筆灰，然後一定在黑板兩端擺上兩隻新粉筆，乾淨整齊到完美的地步。她未必是成績最好、語文能力最強、邏輯最好的，但真的是所有學生當中擦黑板擦得最用心的人！

後來到日月潭輔導哲園飯店，她也來工作，負責整理房間。有天看到她拿塊抹布到處擦擦擦，居然擦到旅館的私人碼頭上面去，再一看，怎麼擦到船上去了！沒人叫她擦，但她擦了，而且擦得非常光亮、非常乾淨。

沒人想到可以這樣擦黑板，她想到了。沒人想到可以這樣擦地板，她想到了，甚至還擦到甲板上去。大家都不太注意的小事情，她注意到了，而且把一件小小的瑣事，做到讓每個人都注意到，這就是她獨特的能力。

美娟在這些平凡小事上散發出一種令人信賴的特質，後來有位亞都主廚移民到國外，開了家進口食材的公司，放心的將整間公司交給美娟管理，從不干涉營運，事業做得很成功。

能認真以對，就能做出令人驚異的成果。所以，誰說擦黑板是小事？小事做得好，就能變成大事。

做好旁人不想做的，就是獨特

好幾年前，忽然接到秋容的電話，她是我東海大學的學生，後來修教育學程當起老師。正在雲林虎尾擔任實習老師，面臨超級棘手的問題，不知道該怎麼辦，急著找我搬救兵。

秋容她說第一天上課，全班同學沒人聽她說話，而且班上學生都叫「金剛」、「黑仔」、「泰國猴」這種奇怪的綽號，還有個叫馬沙的學生當她面打開襯衫，露出胸膛和上面的刺龍刺鳳說：「真熱真熱！」

秋容一見刺青嚇得魂都飛了，這才知道自己教的不是「放牛班」，而是「大哥班」！她客氣的請學生坐下，他們還是不坐，繼續搧著衣服說，「真熱真熱！」

秋容鎮定的想，不坐就算了，開始上課，沒想到這個學生看她沒什麼反應，還打開課本準備上課，說了句：「我要去放尿！」接著起身離開，全班居然就跟著他全走光了。她站在台上，束手無策。

她很緊張的在電話裡問我，「蘇老師，我該怎麼辦？班上都是流氓！」我獻了一計，「去找阿嬤！」

秋容依我的建議拜訪了學生家庭，家裡只有阿嬤在。阿嬤看到老師親自拜訪，很感動的用台語說，「我家這個囝仔喔！從小到大從沒有老師來我家，你是第一個，我跟你講，他不乖，你就打他，這根棒子給你，就說是阿嬤講的！」

秋容像有了尚方寶劍護身，等這個學生不乖，她就問，「阿嬤說什麼？」「老師你可以打我……」男學生再也沒法大尾，立刻乖乖聽話，總算搞定了一個。

但其他同學也不是省油的燈，她一一家庭訪問。學生家裡有開酒家的、賣檳榔的，她全都跟他們的家庭交心，真心關懷這群孩子。一年下來，學生們都好愛她，因為她是第一個把他們放在心裡的老師。

記得畢業典禮那天，我專程從台北開車到虎尾溪旁，帶著兩箱啤酒，他們看到我就說：「師公來了！」我跟他們一同舉杯，暢快的慶祝畢業。

秋容很有熱忱，後來她把這段經歷寫成了一本書《菜鳥鮮師黑玫瑰》，而她的學生們說，過去從來沒有老師想要認識他們，從沒有老師認為他們還有希望，大家都怕他們。但秋容這個實習老師卻做到了旁人不敢也不想做的事。

這屆同學很爭氣，有人繼續升學當了台積電工程師，對秋容來說，能夠幫每位學生找出自己的價值，就是當老師最大的成就感。

直到現在秋容還是一、二個月會打一通電話來哭訴一下學校發生的事，我還是告訴她，哭一哭很好，常保健康。

做事情做到別人不想做的、不能做的，或不願意做的，就能與眾不同。但要做到這個地步不容易，秋容就辦到了，憑著她的愛心跟耐心，贏得了學生的真心。

站穩腳下，才能放眼天下

京都「菊乃井」料亭第三代傳人村田吉弘，曾受邀來台灣示範頂級懷石料理，料亭是日本餐廳裡最頂級的一種，有悠久的歷史，料亭裡的食物已經不是食物，是味覺與藝術的結晶。

菊乃井享有米其林七星級美譽，有人一聽就說：「你騙人，米其林最高也就三星，哪來的七星！」他的七星來自旗下三家分店在二〇一一年共拿下了三顆、兩顆、兩顆，累積共七顆星，因此有此一說。夙負盛名，自然價格昂貴，在台灣一人份料理要價一萬八千元台幣還不含稅！

村田主廚從小在傳統日式頂級料亭長大，是第三代繼承人，卻對法國料理情有獨鍾，表明要去法國進修，把他爸爸氣得半死，阻擋不成也只好隨他去。

他在法國進修一陣子之後，有次看到路邊有個媽媽正餵嬰兒吃某種食物，看起來像豆腐，但又不是，他左看右看，猜不出到底是東方還是西方食物，好奇問了媽媽，媽媽說，是羊腦。

「是羊腦啊！」村田主廚受到很大刺激，他從沒接觸過羊腦，不知道風味，也不知道該怎麼處理，唯一知道的是自己學了半天法國料理原來還僅止於皮毛。能讓媽媽放心餵孩子吃的食物，一定是代代相傳的飲食文化，由阿嬤傳給媽媽、再傳給女兒。對他這個外地人來說，終究還是無法觸碰到一個民族飲食文化的根源。

因此，他決定放棄法式料理回到日本，重新研究自己的根源——日本料理，並且結合在法國學到的技術，為料亭料理注入新意，讓他主掌的「菊乃井」走出條新路。

認識自己的根源

有一次在電台節目中聽到前文建會主委、鋼琴家陳郁秀說她的故事，她就讀北一女時，就以高中生的身分獲得法國巴黎音樂學院的入學許可，在眾人羨慕的眼光中，孤身飛到巴黎，進入夢想中的音樂學院主修鋼琴。所有人都覺得天資聰慧如她，在這環境一定如魚得水。

陳郁秀的班上有兩個外籍學生，一是日本人，一是她。第一節課，老師請他們各自唱家鄉的歌，日本同學唱了「櫻花」，陳郁秀思考了很久，還是無法決定該唱什麼。老師問，「你想唱什麼？」她說，「不知道。」老師說，「你知道自己國家的音樂是什麼嗎？你連自己國家的音樂都不懂，還想來學西方的？」

這句話讓她從雲端跌落，痛苦不已，拿不定主意接下來該怎麼辦。後來她放下自己過去在台灣獲得「天才兒童」、「資賦優異」的種種美譽，從零學起，重新扎根，學會了法國的演奏方法技巧與理論，同時也開始研究台灣的音樂。

陳郁秀發現法國人雖然浪漫，但他們的音樂教學法卻是一門科學，即使是藝術，也講究目的、策略、方法與評量。學會之後，不僅在音樂上收穫豐富，甚至可以將同樣的方法推廣到工作上，讓她發現各種理念都息息相關，終身受用。

回到台灣，陳郁秀在國內音樂界推廣這套科學的學習方法，讓外來的訓練再度與本土融合，改變了台灣學習音樂的理念。

理解內涵才有故事可講

在莫斯科長大的鋼琴家寇柏林（Alexander Kobrin），曾得過多項世界鋼琴大賽冠軍，他的老師瑙莫夫在教他怎麼彈奏鋼琴曲時，有套特殊的方法。

寇柏林說，老師從不讓他一拿到樂譜就彈，而是要他先蒐集這位作曲家的生平，徹底認識這個人，他在什麼季節出生，人生有什麼經歷，寫這首曲子時世界發生了什麼大事？是否正在戰爭？通透了，才開始練習樂譜。因此寇柏林彈奏出來的音樂具有靈魂，跟其他人為了比賽拚命練出的一身匠氣不同。

了解文化的內涵，才算是真正的認識了這種文化。否則只是知道如何做，卻沒機會知道「為何這樣做」。理解了，才有故事可講。但最重要的還是先認識自己，了解自己的根源，看清楚自己腳下踩的地方，有了穩定的基礎，就有餘力向外探索，好好的研究這個世界。

算命仙教我的事

我在旅館界工作時認識一位命理師，當時老闆很信任這位「仙仔」，舉凡旅館牆面顏色、名字、電話號碼，甚至該聘用哪些人，都要等仙仔說話才能拍板定案。身為專業經理人的我當然不太高興，但老闆從創業起，大小事必先請教「老師」，我只能在能力範圍內多表達、多爭取。

所謂知己知彼，有一天我請教仙仔，為何老闆總是對他言聽計從？仙仔說，原因無他，不管客戶覺得中不中聽，他只說實話。很有道理，如果仙仔今天想討老闆高興，明明覺得這投資會輸一屁股，他也說會大賺錢，下次顧客再也不會上門。

仙仔一直堅持他的專業判斷，就服務業來說就是提供一致的服務水準，不會因為今天廚師心情好，煮得菜特別美味，明天廚師累了就隨便炒一炒。想要建立自我品牌的人也應該學習這位算命仙仔的精神，要有一致性，要執著到讓自己的特色烙印在旁人心中。

但要注意的是特色不只是不同，還有要質感，如果只想靠著搞怪建立特色，花招要久了，旁人只會覺得這是譁眾取寵，等於沒有特色。

想建立自我品牌，要先了解自己的能力，分析優點、缺點、機會與挑戰，像分析企業一樣做個SWOT分析，然後認真地建立自己的獨特性，刻意的練習、持續的練習，讓旁人一想到你，就會想到你的特色。

許多學生知道我愛穿白襯衫，現在衣櫃裡共有六十五件白襯衫，每一件的細節都不同，於是學生想到我，心裡浮現出「那個有六十五件白襯衫的老師」，就成了我的特色。

特色就像品牌，同樣是包包，印著LV的價格與印著其他花樣的不同，你說，那我也印個LV好了，因為這個品牌比我的品牌好，在商業世界這是侵權，但在人的社會，卻常有人想這樣做。

有些父母會跟子女說，你怎麼不像隔壁的孩子功課優秀、賺得錢多、工作穩定、孝順父母、婚姻幸福、生好多小孩？但每個人永遠都不是「隔壁的孩子」，每個人都是他們自己，絕無僅有、只此一人。

忠於自己，首先就是要活出自己的樣子來。我很討厭看到報章雜誌上說某位女星是「小林志玲」，林志玲是林志玲，她是她，為何需要在真實人生cosplay另一個人？成為另一人的分身？

成為分身的意思就是你永遠不會成為本尊，你的命運永遠由旁人決定，身為分身只能夠跟從。但人最重要的是學會肯定自己，要相信自己能夠走出自己的路，要相信世界上有人會欣賞你，原汁原味的你！不要模仿任何人，不追求像誰，也不要刻意討好誰。

如果你現在的夢想只是想要像其他人一樣，「像郭台銘那麼有錢」、「像隔壁老王的女兒當經理」，不如更進一步要求自己與眾不同，勇敢走自己的路。

好教養讓人更美麗

這天，一對情侶上了捷運，看見博愛座空著，就坐下了。我觀察著他們，希望他們看到需要幫助的人時能夠主動讓位。

這項魔鬼的考驗很快就來了，下一站，一位老人家慢慢走進車廂，他們絲毫沒有起身的意思，博愛座附近的四位乘客全都站了起來，邀請老人坐自己的位子，於是老人家危危顫顫地走過去，坐下。

事情到這裡算是圓滿結束，但我看不下去，指著這對情侶的男生說：「你！應該讓位的！」然後對著女生說：「這樣的男朋友你也敢交！」男生瞪著我，「你還瞪！」我說，絲毫不退讓！

這是非常基本的判斷，這樣的男朋友會是個好人嗎？跟他交往會幸福嗎？不可能！後來他們彷彿感受到了整個車廂乘客的譴責目光，下站一到，立刻逃下車。

很多事情都是教養的具體表現，捷運就是最好的觀察地點。早上常常可以看到漂漂亮亮的女孩子，卻當著眾人猛往自己臉上挖蝸牛，我的意思是她們拿著睫毛夾，當著所有人的面化妝，這動作不正像拿吃蝸牛的夾子在臉上挖來挖去？她應該不知道在國際禮儀中，在餐桌上或公共場所化妝是應召女郎的行為。

日本人常在各種地方排隊，因為他們的社會習慣了安安靜靜的排隊，美國人則習慣拿號碼牌，大家手上都有個號碼，就算散坐一堆的等待，也有次序。德國人更特殊，他們不排隊也不拿號碼牌，但他們會看店裡有幾個顧客，自己是第幾個，誰在他前面、誰在他後面，順序到自己時，自動現身。這些習慣都是他們文化培養出來的，日本人矜持、美國人民主、德國人則一板一眼，沒有人會占人便宜。

現在，我們搭公車下車時會對司機說謝謝，到速食店用餐後，會收拾好桌面方便下一位客人使用，我們從小養成垃圾分類的習慣，長大後也會下意識的將塑膠與紙類分別丟在不同的垃圾桶。從日常生活中養成習慣，這就是教養的力量，但這需要時間的累積。

離座後，椅子歸位了嗎？

在一場幾十人的公益會議上，到場人士自然都是願意付出關懷的人，可是會議結束之後，我注意到所有人起身後直接離場，只有我跟一位企業家夫人習慣性將自己的椅子歸位，然後順手推回了身邊其他的椅子。兩人相識一笑，我對她說，「在場以你的教養最好！」她笑了笑，我們開始聊天，成了朋友。

椅子歸位是個多麼簡單的動作，但要養成習慣，代表家裡的長輩從小要求，而這習慣成了自然，其他的生活禮儀自然不會少。日文有個由「身」與「美」組成的漢字：「躾」，唸shitsuke，意思就是教養，當教養好，身體自然看起來很美。

現代社會很少人談到生活禮儀，很多學生會說，蘇老師，幹嘛那麼麻煩啦！不麻煩，禮儀不是違逆人性，而是順應人性。像是接受了人家的好意，要說謝謝，表達謝意是門學問，說謝謝的藝術，還是飯店客人們教會我的。

飯店客人是最不需要說謝謝的一群人，他們付費取得了我們的服務，能收到他們的感謝，往往更感動。許多外國客人專程寫信給我，告訴我這一趟旅行中，哪位員工對他很好，如何提供協助。這些感謝如此情深意切，讓人難忘。

因此說謝謝切記不要「有口無心」，像我在外地演講，主辦單位通常會在演講結束之後送上一張早已簽好名字的謝卡，可是這個行為在我看來不是感謝，只是例行公事。如果我的演講真的值得感謝，那應該在演講結束之後才有所感，怎麼會演講一結束，謝卡就寫好了？顯然是在事前就準備好了。

這感覺就像是我要謝謝你，不是因為你真帶給我什麼了不起的收穫，而是這是處理事情的一道程序。這樣的謝卡，跟便利商店店員制式化的喊「歡迎光臨」沒什麼不同。理想的謝卡應該要在「事發」後一兩天之後再送到對方手上，最好以親筆寫上真心的感受，千萬不要用制式的謝卡，親手寫點內心話，才是一個「有感覺的謝謝」。

真正能讓我開心到極點的感謝，是演講之後聽眾認真記住我的話，並且身體力行。就像最近在演講裡對著一群公務員說到「躾」的故事，他們在會後寫信給我，「蘇老師，現在我們離開座位都會把椅子收進桌子底下了！」這就是最棒的回應。

樂在工作，也帶來歡樂

二○一二年底，我在課堂上放了一段很熱門的YouTube影片（台中市公車歡笑86），內容是台中的86號公車司機吳旻璁的開車實況紀錄。

到了台中火車站，他用國語、台語、客語、英語、日語、泰語、德語、越南話分別播報站名，到了另一站，他說這站下去往右邊走可以吃阿水師豬腳，下一站上來了老太太，老太太咳嗽，他加一句「你要多喝水喔！」學生們下車，他補一句：「回家要孝順父母喔！」「考試不要作弊。」

這麼個樂在工作的公車司機感動了全台灣，點閱率迅速突破了一百萬、兩百萬、三百萬人次，我的學生們聽他用特殊的腔調播報「台中科～博館」，全都笑倒在桌子上。

我一方面讚嘆同學們的笑點超低，一方面也敬佩這位司機，他是非常好的服務業人才，知道怎麼在標準作業程序中加入個人特色，在短短的搭車時光帶給乘客以及他自己無窮樂趣。他可說是服務業的新興偶像，證明熱愛自己的工作，做到最好，就足以讓人注意到他、喜歡他、肯定他。

有時候，超乎想像的服務會帶來超乎想像的收穫。我以前處理過的福特六和與永豐棧的合作案，就是起源於超乎想像的服務。

福特六和與台北亞都是長期合作夥伴，他們外國來的客戶、員工如果需要差旅住宿，都住在亞都麗緻。當台中永豐棧開幕，福特六和也有意與我們簽長期合約，只是雙方預算差距太大，因此他們選擇與隔一條街的另一家旅館簽約。

有一天，福特六和忽然又開始安排客戶員工住進台中永豐棧，我們立刻致電感謝，也很想知道為何我們這麼幸運，又成為他們的合作夥伴？

原來前幾天有位福特六和員工拖著行李箱經過我們旅館前面，永豐棧的門衛阿里一看到行李，立刻過去幫忙，以為是要入住我們酒店。這位客人說，「對不起，我是要去對面的酒店！」可愛的阿里二話不說，親自幫他把行李提到對面的酒店。隔天起，福特六和所有員工，全都改住永豐棧了。

台北亞都的員工與我一同成長，早已習慣把自己當主人來「款待」客人。但台中的員工是新手，沒想到表現得這麼好，讓我非常意外。

阿里做事跟86號公車司機很像，有人要求他們這樣服務嗎？沒有，是他們自己想要給顧客最好的服務，而不是老闆要求他們這麼做，這份主動讓他們開開心心的完成工作，達成任務，超出客人的期待。

能夠在日常工作中投入熱情，人人都能成為人生舞台上的超級巨星。

從「哇」到「嗯」

上回到企業演講，開場才剛說完，「幫人服務，光『哇』還不夠，要讓客人『嗯』才好……」全場突然爆出一陣大笑。我雖然是笑神投胎，也很好奇這句話有好笑成這樣嗎？

員工說，「我們副總早上才剛說，要做出讓客人『哇！』的服務！」難怪他們會立刻哈哈大笑，我也跟著笑了出來。「副總，聽我講完，你再認輸。因為『哇』一下就沒了，『嗯』才是深層的回應。」

要讓人「哇」不難，像拍動作片一樣目不暇給，槍林彈雨打得一陣乒乒乓乓，觀眾腎上腺素暴衝，「哇！」個不停。但余秋雨曾在《觀眾心理學》書中提到，當一齣戲或一本小說的一句台詞，可以「啪」的觸動觀眾內心同樣想法、同樣經驗、同樣感觸，就成功了。觀眾的這聲「嗯……」代表認同。

我平常的服裝打扮較年輕，希望能夠帶給學生親切感，因此新朋友見到我往往會說，「哇！蘇老師！你的打扮好特別！」但等我一開口，用觀點說服了他們，他們開始忘記了外表的「哇」而開始頻頻說「嗯」表示認同。

如果只想追求「哇」，那就像到杜拜的帆船飯店，到處金碧輝煌，讓人「哇」個不停。有個朋友參觀了杜拜的帆船飯店，還特別對我強調「七星級的喔！」但我還真沒聽過哪個飯店評鑑系統有七星級這個等級。後來查了一下，原來是某個記者寫報導時，自己幫他們冠上了七星級這樣的封號，此後，杜拜帆船就以七星級飯店自居了。但這有意義嗎？這個「哇」，你「嗯」得下去嗎？

另一次，我與一位很有名的企業家同台演講座談，心想主辦單位真厲害，能請來這麼知名又白手起家的老闆，應該會聽到很多精采內容。而這位老闆果真不負眾望，他自備的簡報還搭配了氣派的開場音樂，一亮相就與眾不同，在場聽眾包括我在內都「哇！」了起來，真的很有氣勢，更期待聽到他的精采演出。

可是接下來聽到的都是網路上流傳多時、老掉牙的故事，或是旁人的經驗、心得、想法，我聽不到「他」自己的主張，當場覺得頗為洩氣，為何他不肯跟我們分享人生體驗呢？相信觀眾心裡跟我有著同樣的疑惑。

稍後我們一同上台與聽眾座談時，幾乎沒人對他提出問題，這應該是對一位演講者最「不哇」的反應了。

便利商店裡買不到的東西

我很喜歡到迪化街吃旗魚米粉，並不為了好吃（當然也不難吃），而是老闆的特色很吸引我，他就像專業的酒保，手裡煮著食物，嘴上跟客人聊天。

「隔壁那家店終於租出去了，有二十年吧？」

「喔，三十年了！月租六萬，如果先拿一年押金跟租金，就快一百多萬了！」

兩人八卦著社區的事情，另一個客人聽了，也湊進來跟著聊，八卦有錢人是最有意思的話題，接著，狗也跑來了，老闆說，餵過幾次以後，這隻狗每次經過都來找他，期待吃點什麼。後來連狗主人都來了，大家繼續聊。

忽然闖入一位街友，對著老闆說，「大姊，一個飯！」老闆拿了碗白飯給他，不用錢的。他說不要，想吃炒飯。我想這街友也真離譜，討飯吃還order！沒想到老闆轉身去幫他炒了一盤炒飯，交給街友，熱騰騰的。這就是人情味。有餘力，就幫他一把。

當大街小巷都是便利商店時，我還是鍾情小店。買包子去包子店、買小東西去雜貨店；小店能買到的，絕不去便利商店。理由很簡單，因為小店有便利商店買不到的人情味。

傳統商店老闆看到老顧客，會問今天怎麼是你來？爸爸媽媽姐姐哥哥弟弟妹妹怎麼沒來？隔壁老婆婆身體好點沒有？不只購買，還會話家常。我常去一家包子店買包子，買到老闆娘都很怕我跟她聊天，因為她只要一理我，聊多了，站在旁邊的老公就不高興！

另一家早餐店店員注意到我每天戴圍巾戴帽子騎腳踏車，說他準備了一條圍巾要送給我，店員神祕的說那是一條獨一無二、別人絕對沒有的圍巾。拿到圍巾一摸，材質很特別。

店員說他以前是傘兵，軍隊裡有許多報廢的降落傘，就留了一些下來做成圍巾，看我愛圍圍巾，特別送我一條。這下我就有一條與眾不同的圍巾，以及一個好故事可以與他人分享了，多有趣。

人與人之間每天兩分鐘、幾句話，就這樣建立起交情。但便利商店總是按照標準服務流程待客，一聽到「叮咚」就反射性的說「歡迎光臨」，念久了都變成了「嗚嗚嗚臨」，沒有了人情味。

便利商店一間接著一間開，傳統小店沒有生存空間，也就一間接著一間倒，就像龍應台的書《親愛的安德烈》裡，兒子看到路口多開了一家便利商店，嘆了一口氣，他的憂慮是「媽媽，這樣就會少了一家雜貨店！」

想想看，不管到什麼大城市或小鄉村，都看到一模一樣的店，接受一模一樣的服務，多可怕。而且便利商店因為太過便利，還會讓人變笨。生活上愈是仰賴便利商店的服務，愈是減少了自己安排行程、尋找解決問題的方法，等於被削弱了「規劃」的能力。這不是很可惜嗎？

三代服務五代的自傲

在台南工作那幾年常吃府城小吃，吃出個心得：如果老闆脾氣好，很會招呼客人，通常都不是最好吃；好吃的，脾氣往往都不好。

客人說，「老闆快一點好不好？我趕時間！」「趕時間？趕時間就不要吃！」另一組客人說，「老闆，我已經等很久了！」「等很久，你沒看到人這麼多喔！」

即使老闆說話再衝、神情再不耐，想吃的客人還是會默默等待，因為小店的料理有獨特性，別的地方吃不到。而且這樣的小店有生活感，光在旁看老闆切切菜，都能感受到他們做了一輩子料理的功力。

蔣勳老師曾說，好吃的店通常都在小城市或是大城市的老社區裡，這些人都是

「三代服務五代顧客」，第一代老闆服務第一代與第二代客人，後來兒子接班、爸爸算錢，客人一家三代一起來吃；接著孫子接班，第一代老闆退休在旁邊坐著看，換二代老闆收錢，而我們顧客這端也有孫子、甚至曾孫了。

這種三代服務五代的生意不可能作假，彼此交往這麼久，怎麼可能偷工減料？而老店的風味就是這樣一路傳承下來。在這樣的社區有這樣的老店、這樣的老顧客，讓城市變得很有生命力。

是「歲月」讓小店變得獨一無二，當三代人都做同一種料理，他們幾十年的功力讓菜餚留下古早味，而老顧客與老闆之間的互動太有意思了，「今天怎麼是你來？你媽媽沒一起來？」「老闆娘呢？去環遊世界啦？」開店不只是養家活口的差事，而是提供美味的志業了。

可惜的是許多老店成功之後，開始想開分店，一開分店，味道或許可以複製，但歲月的傳承很難拷貝，於是許多味道就守不住了。萬一下一代的事業心更大，開了連鎖店，試圖標準化流程，那老店失去了老闆的「人」味，氣氛更蕩然無存了。

京都有傳承好幾代的和服腰帶店、小珠包包店，全都是僅此一家、別無分號。老闆傳了八代，客人來了十代，動輒好幾百年的歷史。這些代代相傳的老店擁有豐厚的經驗與專業知識，他們也努力保護這項獨特傳承，於是顧客從全日本各地搭新幹線，甚至遠從國外慕名而來，因為別處做不到。

個人也是一樣，擁有別人沒有的特色，就能讓別人記住你，想跟你一起合作；只要好好地、認真的長期經營，把自己的特色打造成個人品牌，不管在什麼行業，你都能找到粉絲！

2%

Part 5

只要比別人多2%的觀察，就有不同視野

五感之旅

雲門舞蹈教室的主管們每年有不同的教育訓練課程，有次一同上蔣勳老師的課，啟發我建議大家來趟「五感」之旅。於是帶著三十多人進行了五天四夜的「do nothing」（無所事事）之旅，地點在新加坡。

這次旅程中，我們沒有非看不可的景點，沒有要打卡的名勝，大家分為視覺組、聽覺組、嗅覺組、味覺組、觸覺組，去的是同樣的地方，但成員專注於自己負責的感官領域，看看彼此接觸到的世界有什麼不同。

我們到小印度、去牛車水、去古典的萊佛士酒店、去郵政總局改裝的Fullerton酒店，吃咖哩飯、下午茶、印度菜，晚上看印度舞表演。行程結束之後，各組提出報告。

嗅覺組說，他們在小印度聞到了花香、檀香，還有特殊體味跟水溝味。聽覺組說，他們聽到印度舞的樂器聲、車子噪音、大家用各種語言交談的聲音。視覺組說，他們看到了各式各樣的顏色，鮮豔飽和程度與台灣的視覺經驗完全不同。味覺組說，閉上眼睛認真品嘗，舌間迸發了令人驚訝的滋味。

觸覺組說什麼，我已經忘了。但大家共同的體驗是原來我們從來沒有打開耳朵、張開眼睛、深吸一口氣味、好好的吃一口飯，甚至沒有好好的觸摸過這個世界。我們的眼睛已經太習以為常，沒注意到紅有這麼多層次，耳朵也是、嗅覺、觸覺也都如此，這趟行程像開了天眼，此後世界不一樣了。

以前發想點子時慣用「腦力激盪法」(brain storming)，一組人在房間裡拋出各式各樣的想法，天馬行空、胡說八道一陣，然後「賓果！」想到了。其實腦力激盪還是不夠，因為關在房間裡，只有人跟人之間的互動，還是依照原本思考模式，缺乏外界刺激，應該要走出去！去「strolling storming」，不設目標的到處閒逛。像去微風廣場看看孫芸芸，或到轉運站看看旅行中的人，也可以到年輕人愛去的夜店、咖啡店，看看他們的世界，不同的光影、聲音、觸覺、味覺，都是刺激。

我們有90%的刺激來自視覺，許多動物的眼睛長在頭顱的兩側，看的是左右不同的世界，但人類的眼睛長在前端，看著前方，看不到後方。這樣的設計使我們的注意力更專注在視覺上，遺忘了其他感官的功能。

如果能夠透過五感之旅，打開五官，對世界多點感受力，會注意到更多細節。像這個位子舒服嗎？杯子靠近嘴唇是什麼感覺？光線會不會太強？這樣說話的內容會不會令人尷尬？即使是打電動，也可以注意畫面為何要這樣設計？為什麼使用這個顏色，人物造型的細節是哪些？為什麼要這樣搭配？遊戲音樂的特色在哪裡？任何事情都可以成為一趟strolling。

多一點感受力，會看到與眾不同的世界，激發出不同的創造力。

勇氣是最好的導遊

有次因為工作到峇里島，獨自一人跟著當地人的腳步，走進一家非觀光客常去的餐廳，看到櫥窗疊了好多碗小菜，正在猜測不知該怎麼點，劈哩啪啦，服務生全都端來了，他說，不吃就不算錢！真是大開眼界。

此行我還發現印尼也有便當，而且非常特殊，老闆拿個大葉子，包上飯跟烤肉，裹一裹，草繩一捆就成了便當。

旅行的次數多了，我格外喜歡這些街頭才有的小吃，因此養成習慣，只要看到很多人圍在一起大快朵頤，我也跟著擠進去、蹲下來，嘗嘗道地口味。旅行就是要有這種蹲下來、擠一擠的精神與勇氣，就算拉肚子，接下來也會知道什麼不能吃、什麼吃了沒事。

我們愛看遊記，看旅人記錄自己如何跟當地人打交道的探險歷程，但任何遊記都比不上親身到訪，而且最有趣的，還是自己鼓起勇氣跟著當地人蹲下去、擠一擠才能體會。

我特別喜歡在旅程中「追蹤」，觀察周圍的本地人都在吃什麼，跟過去一探究竟。

有次在桂林看到大家都吃一包紫色的玩意兒，愈看愈好奇，我就從尾端慢慢找到源頭，原來是沙威瑪，但我們習慣的沙威瑪是串肉來烤，他們串的是紫色芋頭。老闆劈頭就問我要幾斤。幾斤!?一點概念都沒有，只好跟他說：「你就切吧！」這紫色芋頭吃到嘴裡的感覺還好，但就圖個體會。

還有一回到武漢出差，看到路上漂漂亮亮的小姐，腳蹬著三吋高跟鞋，手上……居然拿碗麵邊走邊吃！而且不只她如此，大家都這麼吃麵，我看了很驚訝，問身邊的朋友怎麼回事，朋友說，這還好呢！她的朋友還能邊爬樓梯邊吃。

他們吃的是武漢有名的熱乾麵，走在街上，每間店幾乎都賣著熱乾麵，也人人捧著一碗麵邊走邊呼嚕的吃。這畫面太難忘。

旅遊時很多人喜歡跟團，追隨導遊手中的小旗子看世界。有人喜歡帶著導覽書自助旅行，依照作者指示這裡左轉那裡右轉的觀光。我則習慣帶著勇氣，到處迷路、一一探索、親身體驗，很多旅行中的意外發現，就這麼無意中找到了。

生活也是一樣，擺脫習以為常的慣性，偶爾走不同的街道、改搭別的交通工具通勤，就能看見不同的風景。

珍古德的好奇心

我曾在聯合報上讀到王道還先生的文章，他簡要清晰地說明黑猩猩專家珍古德女士，到底為何在全球這麼有名、這麼受歡迎、受重視。

珍古德以研究黑猩猩行為聞名，但她沒讀過大學，只有高職畢業，二十六歲那年，她發現黑猩猩會獵食其他哺乳類，不是其他學者口中的素食動物；此外，還發現黑猩猩會製作工具取食，推翻過去「人類是唯一懂得使用工具的生物」的定義。

為何她能做到其他學者做不到的事情？因為她是真心想了解黑猩猩，把每隻黑猩猩當作個體觀察，其他的研究者則把它們當成動物。一九六〇年代，珍古德在東非進行黑猩猩的田野調查期間，幫每一隻黑猩猩取名字，記錄牠們怎麼跟同伴互動，幫牠們分別立傳。她論文裡的黑猩猩不只是動物，還帶有個性，而且還有家族恩怨，像黑猩猩的八點檔連續劇。多有意思！

珍古德的好奇心讓她想認識黑猩猩，而不是「研究」牠們，而且她沒受過專業訓練，不知道其他學者怎麼做，於是用自己的方法打破所有規則，反而發現旁人視而不見的角度。

珍古德發表了她的論文之後，人類才注意到黑猩猩與人有多相似，接連帶出在六〇年代末期，生物化學家發表了人與黑猩猩來自同一共祖的論文，其後有學者研究承認動物也具有意識。

我常告訴學生觀察力很重要，觀察力可以讓我們看到旁人看不到的、不想看或覺得不值得看的東西，但一般人沒事不會仔細觀察什麼，觀察必定帶著動機。

動機之一是曾受過傷害，為了保護自己，於是開始觀察研究某個現象。像常讓警察開罰單的人，一定會仔細研究警察幾點鐘會固定埋伏在什麼樣的路口開單，開單之後要怎麼求情，如何申訴才能撤銷。常被拖吊的車主，一定也會研究拖吊車到底幾點下班，哪裡的黃線能停，哪邊的絕對不行。

另一種動機是曾獲得好處，像有人升官、考試成績變好了，其他人開始觀察到底他是怎麼做到的，想照著做，希望得到好處。但真正厲害的觀察力是對完全沒有利害關係的事情產生好奇心，只是單純的想要知道原因。像珍古德女士就是這樣的人。

說也奇怪，很多諾貝爾獎得主都是動機單純的人，單純，所以執著，不會因為有沒有避開傷害或是得到好處而動搖，最後反而做出了旁人想都沒想過的成果。

揪感心服務

在淡水買房時，代書建議我去淡水一信貸款，之前我從沒跟這家信用合作社往來過，但曾聽說一信的特色就是會對客戶奉茶，服務非常親切。親自跑一趟，果然名不虛傳！

辦完貸款手續之後，當然要開始還款，貸款部的兩位小姐都姓楊，只要還錢，不論哪位楊小姐接待，都會笑嘻嘻的說：「蘇先生！您好會賺錢喔！」「您好厲害，這麼快又來還錢了！」

雖然一次只繳回五萬、十萬的，經由二楊這麼一稱讚，我立刻覺得「不可一世」，自己也跟著開心起來。一般銀行都公事公辦，待客之道就是「你貸款本來就該還錢」，但這兩位楊小姐讓我連還貸款都還得很愉快。

台南阿霞飯店的外場人員也很有老店風味，他們多半在店裡服務了幾十年，每次我帶客人去，他們都會說：「總ㄟ！你怎麼這麼久沒來！」一開始覺得他們有點莫名其妙，明明前兩天才看到我帶一組客人來過，後來去好幾次都如此，才明白這是他們的貼心，經此一說，每組客人都會覺得自己是「特別」的。

他們招呼客人的用語很典雅，「人客倌，對兜來？」

「台中喔！好所在，恁七期現在起厝起得真水，一坪都要好幾十萬！」

「高雄喔！好所在，夢時代好漂亮！」

「台北喔！好所在，一〇一蓋得那麼高！」

任何地方在他們形容之下都變成了好地方，雖然我們實際住的地方離台中七期、夢時代以及一〇一非常遙遠。

這些服務人員在幾句聊天當中，已經知道客人從哪裡來、什麼身分。接下來他們開始點菜，「人客有沒有什麼忌口的？都可以？那我幫你『款』！」

「款」這個字，跟「準備」不一樣。古時候「款」包袱跟人私奔的時候，會挑自己心愛的、有感情的東西帶走；如果只是「準備」行李，帶些換洗衣物就夠了。有「款」的心情，就不只是服務了，是帶有感情的服務。他們蒐集了足夠的資訊，就知道該端什麼菜出來了。

身為消費者，如果能懂得品味其中的美好、欣賞老店的待客之美，這餐飯吃起來就更有滋味了。

說好話，做好事

公益平台辦了個活動，希望替花東的小學生募捐二手數位相機，讓小學生們記錄生活點點滴滴。原本只期待收到數百台，沒想到大家都好熱情，結束一清點，共收到四千台！

經過志工媽媽們協助整理，挑出堪用的相機分送給學童，還開了幾個場次的攝影課程，教小朋友怎麼拍照。不久之後，這群小學生們傳來照片，進行了一場小朋友攝影比賽。

小朋友鏡頭下的世界實在可愛，有人拍了好幾隻麝香豬、拍自己跟朋友翻筋斗、游泳、拍電線桿上的鳥，他們的笑容與構圖都是成人想像不到的。

作品完成之後，負責攝影展的志工媽媽想著該怎麼呈現，後來請她同樣讀國小的孩子，來幫花東小孩子寫相片介紹。志工媽媽說，孩子塗塗改改的重寫了好幾次，挺累的，但照片有了童稚字跡的輔助更顯趣味。

展場還準備了留言紙供觀眾留言給作者，許多觀眾都在自己喜歡的照片旁貼上讚美紙條，謝謝這些小朋友開了扇窗，讓他們看見孩子的生活點滴。我問志工媽媽，是不是可以寫個紙條給她孩子，謝謝他這麼認真的寫介紹，媽媽連忙點頭。

我在字條上寫：「這麼好的照片，假如沒有你這麼有特色的字來引述，一定失色不少。國垚敬上」

寫完之後，學林肯寫完信一定再讀一次的習慣，發現不對，因為我使用的是負面的陳述，出現了「沒有」、「不」這種字眼。於是我改寫：「這麼漂亮的相片，因為有你的字跡引述，更加出色！國垚敬上」

寫完貼在圖說的旁邊，這位媽媽好高興，立刻拍照打算拿回家給孩子看，告訴孩子有人注意到你的用心了！當旁人視線都留在作品上，只給主角光彩時，我會看看旁邊的配角，留意這些比較沒有聲音的綠葉，鼓勵他們、給他們肯定。

離開展場前，忽然想起來對方只是個小學生，於是回到紙條前多加了一行字，「按一個讚給你！」跟小孩溝通當然要用小孩的語言！

希望這個小朋友會記得這張紙條，最好這張紙條能夠在他心中埋下公益的種子，將來天天做公益，天天助人為樂。

每天都有「賺到了」的快樂

在美國讀書時曾到圖書館打工，記得第一次領到薪水好高興，一想到自己居然可以賺美金了，非常得意，立刻拿出一部分犒賞自己，上麥當勞吃了超大漢堡。又過了兩週，領到第二次的薪水，這回想著該怎麼換個方式犒賞一下，決定不吃漢堡，買了我人生第一條Levi's牛仔褲，當年這可是台灣買不到的舶來品！

工作多年，早習慣要「慰勞自己」，每次辛苦完成一件事情，我就會給自己小小的犒賞，享受一下實質的回饋。有時候是吃一頓好吃的、看場電影，有時候是買個帽子、買件襯衫。因為這是最具體的激勵，讓自己有繼續往下一個目標努力的動力。

有些年輕人習慣別人給他掌聲，期待別人的讚美，好像這樣他才有動力去做事，但如果得不到肯定，難道就要消極擺爛嗎？其實不用受制於人，自己就可以鼓勵自己。因為只有你最清楚自己做了哪些努力，有了怎樣的進步，這時候對自己說一聲：「辛苦了！」然後去好好慰勞自己吧。

隨時隨地找樂子

我喜歡幫自己找樂趣，騎腳踏車經過某條路曾遇到一位漂亮小姐，下回經過，便猜猜今天能看到她嗎？當做一個「激勵點」，讓我在都市裡隨時有期待。

上課時有個不常看我的同學，忽然看了我一眼，我心裡自動浮出「太棒了！」而竊喜不已。一直不苟言笑、從不討論私人事情的校長，忽然在會議前問一聲，「蘇老師，你眼睛有沒有好一點？」心裡也是一陣喜悅。

連早餐店的老闆都能讓我喜出望外，我只是提早在早上五點就出現，不像平常都六點報到，老闆馬上招呼，「蘇老師，你今天要回台北啦！」老闆注意到我只有趕早班車回台北的日子才會起這麼早，他不是只顧著賣早點，而是真的很關心我！讓我好快樂。

而且我連閃到腰都可以很開心。有天凌晨三點閃到腰，痛到醒來，光穿衣服就穿了一個小時，到急診時護士問我名字怎麼念？我說「常有人叫我蘇國圭、蘇國土、蘇國土土土」，逗得她哈哈大笑。

更驚訝的是當我看完腰回到學校，其他老師居然開口問我腰好點了沒？我說你們怎麼知道！原來當天早餐店常客中鋼科長剛好去急診室探病，他告訴早點店老闆，老闆又告訴了其他老師，消息就這樣傳開了。發現真有這麼多人如此關心我，即使閃到腰也很溫馨。

快樂真的不困難，抬起頭看到一朵少見的雲彩，又及時用相機拍了下來，開心！路過人氣麵店，居然沒什麼人排，而且被我買走了最後一碗魯麵，開心！

人生中要遇到「大快樂」不太容易，知道自己是誰、知道自己要什麼，就能隨時找到小小的快樂。像我現在搭高鐵最期待的快樂，就是拍攝到嘉南平原中襯著綠油油稻田飛起的白鷺鷥群，一上車就專注等待這一刻，讓我忘記其他乘客的喋喋不休。

只要願意留心，生活中太多快樂可找！

我家比帝寶還要好

美國總統林肯曾經告訴一個小女孩，撿回這條路上最大的石頭，我就給你最大的禮物，但規則是你只能往前找，不可以回頭。小女孩聽了，開始找路上最大的石頭，每找到一顆大石頭，就想，等下說不定有更大的。最後兩手空空回到林肯身邊，什麼都沒拿到。

另一個故事則是網路笑話，女人要找好對象結婚，但好的男人就像路邊停車位，好的位子都讓其他人停走了，剩下的都是殘障車位。

這兩個故事說的是同一件事情，人生應該像買賣股票一樣，要設下停損點與停利點。如果買股票之前就已經想好要在多少錢賣出，那就會賺到錢。如果一直看股價上漲，覺得未來會更高，捨不得賣；跌了心想，將來一定會漲，一路跌到虧本又不認賠殺出，當然很難賺到錢。

人生不也這樣，有了喜歡對象就可以結婚，別一直想著未來會不會出現林志玲或金城武。如果以後真出現了林志玲，再後悔吧！舉凡就業機會、學校選系、工作流程、跨年該去哪裡，都是選擇，一直舉棋不定、原地打轉不是辦法，選個自己能力可及的，就可以往前進了。

我常說，工作往上比，生活要往下比。生活中的享受奢侈，往下比，與差的人比，會覺得自己過得好有價值。倘若吃東西硬要跟米其林三星的餐廳比，那只會覺得自己過著貧賤的人生。

很多人嚮往參加名媛團、參加派對，反而把自己搞得很焦慮，因為人家拿的包永遠比你好，新一年度他一換車，又把你給比下去了。他的小孩的學校比你好，連他小孩的家教數量都比你的孩子多，身處在一個比不完的世界，能開心嗎？

可惜報紙與刊物都喜歡報導這些奢華話題，誰參加派對，誰買了一百九十萬的柏金包，看在月薪三萬吃魯肉飯的上班族眼中，他怎麼可能花六十個月、五年的薪水買一個包包？為何大家的價值觀差這麼多？三萬月薪的人會需要柏金包嗎？

家的大小也沒有關係，重要的是住在裡面的人的氛圍，圖的是親情、溫馨、舒適與互相關懷，是避風港。在外界狂風暴雨底下，能有自己一個小小的避風港，安安穩穩的停著，要比在大商港裡跟一大堆大大小小船擠著碰著來得好。不是嗎？

每次經過帝寶，都覺得我家比帝寶好，因為帝寶停車場出入口的柵欄上的帆布破洞了，但我家停車場入口捲門乾乾淨淨、整整齊齊，多好！

虛榮心與價值觀會影響一個人的生活品質與快樂程度。要得多不會快樂；知足，才會快樂。

好奇，人生就不無聊

翻開陳柔縉寫張超英奇妙人生的《宮前町九十番地》，讀了三篇，看到書中有張照片，全部的男士都穿著白色西服，每個人的臉孔都不清楚，其中有個人留了黑鬍子，我立刻認出：「啊，這是我阿公！」雖然只看過阿公的照片、沒見過他本人，但那一嘴大鬍子很顯眼，立刻請爸爸辨識，果然是阿公！

另一次到北港一座廟宇，赫然發現太祖的名字刻在柱子上，原來這根柱子是太祖在百年前奉獻的！

人有根源，就像阿公的照片、阿祖的刻名，還有小孩子屁股上有兩塊青青的色塊，都能指出我們是誰。小孩屁股上的色塊證明我們是蒙古人種，從屁股一路往前追溯，可以追出整個人類演進史來。

我喜歡對不了解的事情追根究柢，有人說我是「追根究柢控」，只要好奇，就想往下挖，想找出規則來。

像在高速公路上坐車很無聊，一路直直的，風景沒什麼變化，於是我專注於研究路上的貨櫃車。每個貨櫃長相都一樣，全靠身上編號提供線索，每個貨櫃漆上十一碼編號，前四碼是公司的英文代碼，後七碼是數字。前三個字母就可看出這是哪家貨運公司的貨櫃，像長榮就是ＥＭＣ，而貨櫃身上還會寫出尺碼與重量，載重與空重，空間多大，都能看出些端倪。

我在台北的主要交通工具是捷運，自然要研究捷運。想在週末上午從淡水到台北一〇一，該如何轉車才能在一個半小時之內到達？從淡水去松江南京站，該排在哪個車廂的候車區？抵達後該走哪個出口？每條路線怎麼接最快最順，都能在我的捷運地圖上找到對策。時間充裕時，我也會故意打破習慣，本來從一號出口到地面是抵達目的地的捷徑，但偏選另一個出口，看看另一條路會遇到什麼有趣的事情。

捷運車廂編號也有規則，三輛車成一列車，一號車的第一車廂是1001，第二車廂是2001，把車廂放在前頭，列車編號在後。研究捷運之後，進而發現高鐵也有編號。高鐵目前共有三十列車，編號自TR01到TR30，我全都搭過而且照相入檔。高鐵票上有一小洞，有了這個小洞，就能用個大迴紋針把所有車票串成一大串，成為收藏。

而最有特色的是台鐵貨車的車型編號，採取注音符號搭配數字，據說是當年為了保密防諜才有這樣的設計。

有了追根究柢、尋找解答的好奇心，任何空檔都能妥善利用，人生就會有趣，而且答案往往藏在意想不到的地方，時時有驚喜。這樣的人生怎麼有空喊無聊呢？

多讀歷史豐富視野

有個學生交了個外國男朋友，雙方談到婚嫁還拜見了雙方父母，眼看就要「成交」了，來問我的意見。我說，那你趕快跟媽媽學做台灣菜，還有，趕快讀舊約聖經。

如果她燒得一手好菜，在國外可以透過料理與對方的家人朋友建立關係，甚至可以在家裡擺一桌，宴請老公的上司同事，以美味籠絡主管，老公飛黃騰達指日可待，好廚藝是最好的幫夫運。

了解聖經，尤其舊約聖經，因為這是天主教、基督教、猶太教、伊斯蘭教共用的經典，可以成為與外國人交談的共通話題，若真要結為夫妻，討論聖經可以深入認識彼此，是文化交流很好的橋樑。

現任文化部長龍應台寫過很多書，我最欣賞的是她在《百年思索》裡的序文。這篇序文的標題是「政治人的人文素養」，裡面談到了文學、歷史與哲學方面的素養為何重要。

以歷史為例，歷史不只是過去發生的事情，不只是那些朝代怎麼轉換，更重要的是讓我們以古鑑今，了解過去，知道現在，也才能想像未來。

我擔任學生廚藝比賽評審時，有一位跟我一起評分的遠東飯店總經理Holman先生，他一站起來身高兩百公分，我以為他跟過去的總經理一樣是德國籍，用德語跟他問好，但他沒什麼反應，後來他說是荷蘭籍，我心想，啊！難怪他這麼高，因為荷蘭人是歐洲平均身高最高的民族，成年女性平均身高一七三公分，成年男性平均身高一八三公分。我去荷蘭還成了矮子。

那為什麼荷蘭人高，而日本人矮呢？也跟歷史有關。在明治維新之前，日本人不吃畜類肉品，只吃蔬菜與五穀，只有少數人能吃魚。明治維新之後看到外國人如此高大，發現是因為他們吃牛吃羊補充蛋白質，日本百姓才開始吃肉補充營養，現在日本人平均身高可比上一代高太多了！

如果想快速了解歐洲歷史，可以讀一讀《你一定愛讀的極簡歐洲史》，這是澳洲教授約翰．赫斯特為大一通識課程撰寫的歷史教科書：法國農民為何勢力強大？德國為何要等到俾斯麥當首相才成為強國？神聖羅馬帝國如何與教會勾搭？北歐民族怎麼遷移？所謂後裔，代表什麼意思？這本書透過簡短的故事，立體的呈現出歷史的各個轉捩點。

歷史並非課本上的枯燥乏味，任何事情都有歷史。以前歐洲國王靠著服務教會，奪取天下；現在服務做得好，照樣可以成為跨國企業。讀完之後，將服務業放在歷史的長河上，是不是帶出更豐富的意義？

如果能夠認識世界各國的簡史，不管在哪一行業，都能跟人侃侃而談，增加自信心。知道歷史，就理解整個世界不斷流動，任何現況都會改變，擁有歷史觀可以讓自己站在巨人的肩膀上，從而觀察出社會的變遷方向。

看熱鬧與懂門道

我看報紙不只看新聞，也會仔細欣賞其中的廣告。很多人看廣告上賣什麼，身為旅館人，我還喜歡觀察記錄其他旅館如何透過廣告呈現自己。

像文華酒店以扇子作為企業識別系統，每個國家的文華酒店廣告中一定有扇子，但顏色各不相同，不同扇子代表不同國家，以各國受歡迎的明星或知名人士（如張曼玉、貝聿銘、雪歌妮薇佛等人）當主角，下面寫著「She's a fan.」或「He's a fan.」用扇子（fan）與粉絲（fan）玩雙關語。

而半島酒店系統是另一種邏輯，也很有故事。半島的老闆是猶太裔，祖先世居伊拉克巴格達，十八世紀遷移到印度孟買，然後才到上海、廣州與香港，一九二八年蓋了香港半島酒店，這些後殖民地的背景反應在他們的廣告裡。

半島的廣告以貴氣取勝，安排穿雪白筆挺上衣、褲子、一排金色扣、戴白帽的門僮當主角，或是調酒員、餐廳服務員現身，最經典的是讓門僮牽著旅客的四隻長毛阿富汗犬出門，透過幫旅客蹓氣質非凡的名犬，凸顯高貴。而一身白衣更代表半島傳統的高標準服務。

除了愛蒐集旅館廣告，當然也不會錯過精品廣告。像路易威登（LV）的整頁廣告就很有巧思，他們邀拳王阿里、史恩康納萊、戈巴契夫、烏瑪舒曼等名人當主角，包包雖然大剌剌的放在身邊，但整張照片的畫面敘事性很強，意象豐富，超越了產品廣告。

LV一直是很有特色的品牌，做皮件起家，據說在某個沉船事件當中，打撈起LV的皮箱，打開一看，裡面一滴水都沒進，自此揚名世界。

雖然是世界名牌，但LV不像香奈兒那麼貴氣，一個普通人背香奈兒包包會感覺怪怪的，好像不夠分量會撐不起這個牌子。但LV的產品有高價款也有入門款，有錢人可以用、普通人也可以存點錢買一個，因為他們的產品主題是旅行，不分貧富都能旅行。也因為與旅行相關，他們的廣告鎖定在某段旅程，主人翁坐在車上或是船上，或是人在異鄉為異客，每支廣告的意境都互相搭襯，分開看或集合起來看，都精采。

我因此買了一本ＬＶ的書，裡面蒐集他們為客戶訂製的各色旅行箱，有幫畫家製作的、有攝影師、有設計師、有醫生、帽子很多的人、衣服很多的人，每個皮箱都依據主人的不同職業、不同需求一一量身打造，打開箱蓋，內容各有千秋，像百寶盒一樣好看。

想要經營個人特色或公司品牌的人，不妨參考這類精品廣告的模式，試著想想該怎麼用一系列廣告來呈現品牌精神，想得出主軸與畫面，你就有好故事可以說了。

我的啟蒙老師

小時候，我住在占地兩千坪的家，兩層樓大正時代的老洋房，所有親戚都住在一起。晚上孩子集合在大露台上，讀台大的堂哥會問我們三乘以三是多少？答對，就帶著我們吃挫冰。為了挫冰，我認識了植物、認識星座、學會算數。

上小學後，有個很有趣的歷史老師，綽號烏骨雞丸，上課很喜歡模仿夜市怎麼賣膏藥，烏骨雞丸怎麼提煉。我至今仍想不通，老師是怎麼將教學與烏骨雞丸拉上關係？

初中我念的是天主教學校徐匯中學，許多跟我同年的人都在補習，但我照常上童軍、音樂、體育課，還在學校裡搭帳棚露營、自己炊飯。即使快要聯考了，還是只留校一小時做課後輔導，神父說這樣就夠了，快樂學習最重要，補習不重要。神父不重視分數，但重視品行、態度。

我讀淡專時，柯設偕老師是我當時的歷史老師跟導師，他是馬偕的外孫，擁有四分之一洋人血統。他上課常問我們奇奇怪怪的問題。

「為什麼飛機在天上飛不會相撞？」原來是機翼上有左紅右綠兩種燈，看到燈號就知道飛機的方向。

「船隻主桅上掛的旗子都一樣嗎？」他告訴我們，如果看到四分格、兩黑兩黃的旗子，代表這艘船來自疫區，正在檢疫中。如果船要出港了，當天會換成白底、中央一塊藍的旗子，升在船桅上，提醒喝茫的水手快回到上船來。

這些奇奇怪怪的問題，如果他不問，我從來不曾注意到。柯老師像打開了我們的「為什麼」話匣子，也打開了我們的好奇心。

這麼多年過去，我和同班同學們還常聊起柯老師的點點滴滴，雖早已忘光歷史課的內容，卻仍記得老師上課時學魔鬼兵團的蘇格蘭軍人吹風笛的神采。感謝生命中有他的引導，讓研究學問、學習新知成為我一輩子的愛好。

神奇老師阿不都拉

另一位影響我很深的馬賦良老師更是一絕，他的穆斯林名字是「阿不度・阿不都拉」，意思是「奉阿拉之名出生的小孩」，透過他，我與清朝、伊斯蘭教產生連結，大大擴展了視野。

馬老師是維吾爾族的回民、民國前五年生的清朝人。當年清朝為了收服蒙古族以及維吾爾族人、回族人，設立了鑲黃旗，他就是鑲黃旗後代。本身是旅行社總經理、學校老師，也是我家的房客。

在專業科目旅行社業務上，馬老師教我怎麼看機票、怎麼開票、認識機場縮寫，至今仍派上用場。但讓我大開眼界的還是穆斯林文化以及清朝文化。他喜歡清朝老爺子的休閒活動，像蹓鳥、養狗以及聽相聲。我常在下午兩點半去他房間陪他一起聽警廣吳兆南、魏龍豪的相聲，到現在還能背出經典的「山西家書」。

他教我伊斯蘭教的飲食與紀律，像每天需朝麥加方向拜五次阿拉，還告訴我許多禁忌，像吃飯用右手，上廁所後的清潔用左手，所以千萬不能以左手與穆斯林握手，印度人也是如此。有了這層認識之後，日後我在飯店接待穆斯林客人都會主動配合，提供他們需要的服務。

此外，他還教我一堆爸爸不說、其他老師也不教的「生活守則」，像是「單嫖雙賭、遠嫖近賭」。如果要幹荒唐事，自己去就好，別跟旁人一起；如果要賭，得拉個同伴，不然讓人出老千都不知道。而且去遠的地方荒唐，才不會遇到熟人；但賭就要在熟悉的地方賭，免得遭騙。這些話如果在現代的課堂上講，蘋果日報記者就會找上門了。

馬老師像是我另一個父親，他過世之後，每年我都到他的墳上拔草，跟他報告家庭與人生近況，像以前那樣陪他聊天。

很慶幸成長過程中能遇到這些另類的老師，在我的腦中注入非傳統的教育理念，讓我對世界萬物抱持這麼濃厚的興趣，到現在還常看天文、考古、物理的書籍，仍保持著快樂的學習態度，真是我最大的幸運。

人生的四個角落

人往往把生命的重心全押在一個寶上，孤注一擲，希望自己能夠在這個領域成功。這個「寶」因人而異，有的是職涯、有的是財富、有的是情愛，如果把這些目標當做人生的唯一，一旦落空，就覺得世界毀滅了。

因此，人生要多方面發展，要有分散風險與多角化經營的觀念，像投資，不能把所有錢都放在同一個地方。

以我自己來說，我選了四個我覺得很重要、值得經營的項目：名利、情愛、嗜好、公益。這四項成為我人生的四個角落，支撐起我的生活。

名利

追求名利沒什麼不對，人生的前端要積極爭取功成名就，才有能力以最高的效率完成後面的夢想。不需要排斥名利，名利可以讓我們做起事來有更多選擇。

大多數人的問題，往往是把功利主義放得太前面，或是當成唯一的目的，每天想著賺錢、開法拉利，即使騎腳踏車也要騎最好、最頂級的。人如果將競爭、成敗看得很重，那生命就會比較嗜血。

二十年前我曾到大陸幫某煙廠規劃旅館，這家煙廠規模很大，全國排行前二十五名、年收五億人民幣。煙廠領導一開口就說他月薪兩千人民幣（當時大陸平均月薪是兩百元人民幣），頗為自豪，接著問我的薪水有多少，我不好說，因為當時的薪水對他們而言是天文數字。

二十年過去，倘若這位領導再問我同一個問題，哭的恐怕會是我，因為此一時、彼一時，很多名利的問題在不同的時空下會產生變化，真的不必太執著。

情愛

情愛不只是在男女朋友或是家人之間，同事、朋友之間也有。只要大家懷抱同一目標，互相關心、互相支援，同時願意付出心力經營這段關係，都是愛。

情愛裡面的愛情當然是人生很重要的情愫，即使沒有錢，如果身邊能有個相愛的對象也能讓人生美好。譬如家庭主婦，也許唯一的世界就是這個家庭，但願意付出、願意經營家人的感情，照顧好先生跟小孩，這也是成就。

家族之間也是如此。我是大家族的小孩，從小就在許多親戚當中長大，兄友弟恭父慈子孝孫賢很重要，即使各自開創事業，還不是為了想要有個溫暖的家？因此每次看到有誰因為拚事業而忽略了家庭，我都覺得這很愚蠢，只有家人能在受傷之後敞開雙手擁抱與關心，為何不多花點時間在彼此身上？

嗜好

興趣、嗜好可以讓有同類喜好的人產生歸屬感，我認識一位加賀屋的管家，每次喊她「劉太太」，她就笑得很樂，因為她與其他四、五百人都是「劉德華的太太」影迷俱樂部，簡稱劉太太，每年這些劉太太們都會約好一起飛到世界某地看劉德華表演、跟他會面，賺錢存錢的目的就是下一趟的劉太太之旅。

人類的嗜好無奇不有，按現在的說法是「某某控」，喜歡蒐集紫砂壺的是紫砂壺控、有人想要睡遍所有的Motel是Motel控、想吃遍各地麵線的是麵線控，我有個男同事蒐集了三千個芭比娃娃，是芭比控，他們都擁有屬於自己的小小王國，浸淫其中樂無窮。像我有一陣子蒐集可樂瓶，到世界各地發現多種不同的可樂瓶，可惜後來搬家，所有收藏都扔了。

任何嗜好都要考量自己的時間、金錢與體力，游刃有餘，是達人；如果讓嗜好控制了自己的生活，那就反「控」為「狂」了。

有些嗜好經營得好，還可以成為工作，像是喜歡游泳的人，可以當游泳教練、救生員，結合工作與興趣，生活得很愉快。但就算嗜好對工作沒幫助、賺不到錢，還是會帶來生活情趣、陶冶心情，增加休閒時的樂趣與人生的成就感。

公益

能協助人、與人分享是一件很有意義的事，會覺得自己的存在很有價值，也能為這社會盡一份心力。

公益活動包羅萬象，可以捐錢、捐血、當志工，或贊同某主張，即使只是在公司裡對某些人給予鼓勵、掌聲、同情票、幫他按讚，或是幫另一個人跳出自己思考邏輯的框框，都是公益。

公益不需要等人號召，任何時候都可以做，在公車捷運上看到不讓位給老人、孕婦的年輕人，提醒他們，這就是公益。看到陌生人迷路了，主動幫他們找方向，也是公益。

而且做公益沒有身分年齡的限制，只要有心就能助人。可能在公司只是小弟，但在公益界卻是大明星。像台東的陳樹菊女士只是一個菜販，但她助人的心比許多大老闆還要堅定、還要廣闊，她用行動告訴大家不必成為大人物也能做公益，助人比當大老闆還要快樂。

我們應該時常檢查人生是不是均衡，四個角落是不是都照顧到了。如果本週忙著工作忽略了家人，那下一週記得多挪點時間給家人；少做了公益，下一週多幫助人；沒時間經營嗜好，也排出時間補回來吧！

這四個角落也可以互相串連，像我喜歡旅館業、退休當起老師之後，自己投資了在台南的旅館，不為賺錢，而是想把自己的理念放在小型的設計旅館當中，看看會開出什麼樣的花朵。結果非常成功，既是工作上的成就、也滿足了我的興趣，還可以幫學生製造工作機會，更重要的是，籌備新店時，總覺得自己正在具體實踐夢想，因而樂趣無窮。

後記

這本書原本應該更早出版。

幾年前桂芬找國芬花了半年的時間，每週末約在淡水郵局後的咖啡店談書的內容，在書接近完稿時，突然自己打了退堂鼓。因為看到時下的年輕人不再熱衷買書、看書，改變吸收知識訊息的習慣，由印刷的紙本改為雲端的網路。這一來，已完成80％的書就擱在那兒兩年。

後來桂芬又來吵我，請來靜芬督導，力邀王蓉執筆，這三娘一起教子，說服我、哄我繼續將書完成。結果又花了半年多，每週六在人文空間，由我用說故事的方法，將過去教學或顧問企業的案例，編寫成這本《只要比別人多2％就可以》。

感謝桂芬鍥而不捨，靜芬細心用心的編輯，使書更有生命力，更要謝謝王蓉的善聽，用巧妙俏皮的語調，傳達我想表達的意涵。

我還要特別謝謝我的學生們為我寫的推薦。他們對我的評語，是最特別的。這些學生有淡水工商、東海兼課所教的學生，入社會已經有十年以上了。還有許多是高餐大的學生，大部分也是出社會二至五年的，以及一些我到學校演講所認識的外校學生。這本書有他們的參與跟支持，是我最開心的一件事。

我們都愛蘇老師！

蘇老師始終用真心給人源源不絕的光和熱，他在課堂上分享的生命態度也感染著台下無數的人生。他曾說過：「學校賣的是建立學生自信心，老師成就在於烙印學生心坎裡。」這句話十多年來一直默默地鼓舞著我和我學生們。

——黃秋容，40歲，高中教師

「有目標，就要做，多份努力，多份機會。成功不在於賺多少，而是學多少。」這是我從老師身上所看見的，期許自己也能活得如此精采。

——陳昱達，24歲，渡假山莊服務人員

這個看似溫厚的中年男子其實內心是個擁有許多新鮮想法的小童！他總是活力四射、張嘴露齒大笑，但說話卻字字句句擊中你心！

——葉伃珈，30歲，主婦兼職中文教師

最喜歡坐在教室第一排，聽蘇老師唱作俱佳的課堂演出，被那觀察入微的態度深深吸引著，談笑之間給人正面力量，讓我勇於面對挑戰。

——Lian，25歲，飯店櫃檯接待

很高興看到蘇老師再次出書鼓勵更多的年輕人，期望這本書能引領更多年輕朋友找到自己生命的方向，活出生命的美麗光彩！

——莊小萱，25歲，藝術心靈工作者

您曾說，守著燈塔的人，是有使命感的。對我而言，您就是那個守著燈塔的人，在黑暗中始終堅定地指引著方向。相信這本新書能幫助更多曾經和我一樣徬徨的青春年少！

——簡孝如，26歲，雜誌行銷

蘇老師為年輕人樹立了做事不要只拘泥於眼前，而應放眼未來的觀念。因這股熱情，對身為餐旅人的我而言是最無可取代的標竿人物。

——蔡庭曜，28歲，酒店禮賓接待員

蘇老師讓我領悟到，真正要活的快樂，不是去成全別人所要求的事，而是要去喜歡自己所做的每一件事。忠言雖然逆耳，但由蘇老師來詮釋，卻是如此動聽。

——楊孟穎，25歲，民宿員工

我曾因為老師的一場演講，做出了人生的重大決定。其實我並不傑出，只是比其他人多了一點點的積極，因此很幸運的獲得這麼棒的指引，也找到了工作的熱情與自信。

——陳智斌，26歲，店長

曾對老師說：「最佩服老師您對生命的熱忱。」老師笑答：「我也有低潮期。但最重要的，是『能』再度擁有熱忱。」

——梁嘉辰，29歲，行政助理

嚴長壽先生私下向我稱讚蘇老大：「他永遠是教育的實踐家！」別懷疑，他就是教育界的周星馳！

——李孟賢，29歲，甘苦創業家

平庸和優秀，原來只有2%的距離。蘇國垚老師不僅教我們要成為2%，還要無私地成就98%！

——郭霖，27歲，氣質女神

若非要用一句話形容蘇老師，即是「時雨春風」。那樣的肯定成為無堅不摧的相信。至今，領受過的感動仍穩穩地跟著心臟跳動，堅持著當初選擇的路。

——Unita Chu，30歲，房務部經理

對我而言老師不只是一位老師，他更是我人生中的一盞明燈。他從不吝嗇分享觀點與經驗，我從他身上真的獲益良多。

——李宛諭，25歲，溫哥華進修中

他是我見過最平凡，卻也是最「真心」的總經理。他是我見過最樸實，卻也是最「豐富」的老師。沒有了蘇國垚，我永遠都看不清我有多熱愛旅館這個工作。

——Grace Lai，29歲，酒店大廳副理

在我們對前途感到困惑時，都會回學校去找蘇老師聊聊，之後就知道該如何選擇自己下一步。相信您一定也能跟我們一樣，感受到他帶來的熱情與活力。

——羅欣怡，30歲，家管

在我對工作感到徬徨的時候，蘇老師勉勵我，記得回頭看看自己，相信自己，肯定自己，你，一定可以走出屬於自己的道路。

——柯竺伶，25歲，禮賓部主任

蘇老師教我們的不只課本上的知識，而是更多的國際觀及規劃未來的能力，了解自己的優勢，為自己的人生努力，有目標就有動力往前進。

——邱翠華，31歲，在職專班研究生

畢業後，開始行駛在汪洋的職場大海中，蘇老師的學生船頭上都會掛上一盞燈，不是告訴你要走什麼方向，而是要告訴你正確且有勇氣的航向你選擇的方向。

——劉浩熏，32歲，業務

學生時代，蘇國垚老師感動了我每一天，一直相信他是一位能為學生們開啟自信心大門的鎖匠。只要比別人多2%，你也能找到屬於自己的未來！

——莊璧禎，24歲，Regent Singapore Receptionist

「Thinking outside of the box」及「向詐騙集團學習創意」是蘇總常說的話，他的話總能撼動人心，我想，他就是詐騙集團首腦吧，他成功洗我們腦了！

——廖怡洵，26歲，海外轉投資部

蘇老師是位很樂於和別人分享快樂、分享收穫的人，很榮幸接受他的教導。期待著這本書的誕生，期待有更多的人和蘇老師一樣，熱愛生活，自信滿分。

——高克卷，30歲，業務經理

記得開學時的點名，蘇老師點到同學的名字後，竟然問起大家住在哪、當地小吃、休閒活動等生活瑣事。他教會我們，不管在哪個行業工作，只要用心去了解顧客，勢必會打動人心。

——尹維新，25歲，鐵板燒師傅

你知道嗎？蘇老師的書和演講就是會在心頭種下了黃金種子，不知不覺自己就成長改變了，好期盼老師的新書，必定精采！

——王禎薇，35歲，醫師

好的老師不給學生魚吃，但會給一組釣具；蘇老師只給你一個指南針，然後他會隨時幫你加油打氣，讓你航向屬於自己的偉大航道！

——趙啟堯，28歲，客務部服務經理

蘇老師不斷在生活中挖寶，也不吝嗇與身邊的人分享「寶藏」，跟他聊天總讓自己又增添了一份信心與衝勁，人生也因為他而增添了不同的眼界。

——方可敬，26歲，飯店服務中心

現在回想起來，能在我總是腦袋一片空白的學生時代遇見蘇老師，隱隱約約有種中樂透的感覺。

——吳柏煌，25歲，客務部櫃台接待

每當憶起蘇老師，「Read People」這句話就會在腦中浮現。「觀察人群」是蘇老師帶給我的啟發之一，並且非常受用於飯店業。

——莊嫚倪，24歲，訂房組專員

開朗的笑容、仔細地聆聽、細微的觀察、另類的想法、中肯的建議、溫暖的鼓勵。從蘇老師身上，我學到了面對任何的困境，都能隨時保持樂觀。

——牧予勤，33歲，Marketing Executive

在求學的過程中遇見蘇老師是很幸運的事。對於人，老師說：「看他的壞、學他的好」。對於工作，老師說：「慎選、投入，薪水絕對不是priority。」對於生涯，「懷著熱情地做好每件事」，老師給了我們最好的示範。

——Emily Wu，32歲，Front Office Supervisor

蘇老師的話語總能鼓勵我，讓我提起信心勇敢地追求未來。一窺目錄與前言就想閱讀完整本書的我，迫不及待想再次體驗老師「一語點醒夢中人」的魔力！

——陳思穎，24歲，飯店櫃檯接待員

蘇老師曾說：「沒有試煉就不會有信心，沒有艱難就不會有經歷。」人總是過著別人期待你要過的生活，然而，只要一點點的信心和勇氣，就能勇敢做自己！

——邱靜慧，31歲，房務部主任

他永遠比你更清楚你會成為怎樣的天使。無論在哪個國度，順遂與否，只要想起他就會回到天使本位上，快樂飛翔。

——廖儀諠，26歲，華航客艙組員

永遠忘不了那一天，還在飯店工作的我主動請教蘇老師，從此成為我職場生涯上的導師。多謝那時多2％的主動帶來老師100％的指導。

——戴成偉，34歲，總務事務員

在蘇老師的考卷上，看不見叉叉，他總說要學習看別人的優點，不要隨便扣別人分數，因為每個人都有其可愛之處。他真的是我們大家的天使。

——劉宜君，23歲，百貨業

有如芬蘭的教育者，蘇老師總秉持著「No one left behind!」的精神教育學生。希望藉由這本新書能影響更多年輕人活出美好的自己！

——戴巧愔，26歲，Guest Relations Officer

想起老師，腦子只會出現兩個字：熱情。不管是教書或者是當總經理，就是可以讓人感受到他的百分之百！這就是老師的魅力所在。

——沈詩涵，26歲，大廳值班經理

蘇老師生動的上課方式讓我獲益良多，並找到了人生的方向。深切感受到老師是用「心」在帶領學生。讀完此書，相信大家一定會有比別人多2％的優勢。

——陶宏卿，25歲，空服員

被社會化的我們汲汲營營，時常忘了人生的美好與真諦，而老師的存在就如同暖陽一般，提醒我們心中有愛，圓滿自在。老師，有您真好！

——徐育慧，33歲，穩當的非正式公務員

老師是在笑談間盡述人生真理的高手，我大學四年每課必到！很高興老師再出書，本書就是你渴望的人生指南！

——廖宜楷，25歲，入伍中

謝謝老師願意用熱情與大家分享他的經驗。雖然不是每個人都有機會到高餐念書，不過讀過老師的書也算是得到高餐精神的精華了。

——許瑜庭，30歲，客服

蘇總帶給我許多鼓勵，讓我能夠有信心，能明確知道自己的優點為何！最喜歡老師說的「選擇你所愛的，愛你所選擇的」，共勉之。

——李佳臻，23歲，行政專案組員

蘇總滿腹經綸，在他身上永遠有挖掘不完的寶藏，讓我們細細品味這最難能可貴的活寶典吧！

——黃禎雯，24歲，總機小妹

在我失去至親而徬徨無助時，老師的鼓勵與幫助讓離鄉背井的我得到了溫暖信心。老師說過，無論多困難，踢著自己的屁股勇敢的往前進吧！

——張安嘉，24歲，飯店總機

老師始終賣力演出，和我們分享他熱愛的旅館和美麗世界。我沒有成為旅館人，但我從老師身上學到探索這個世界的赤子之心和面對人生的勇氣。

——高子琪，31歲，專案企畫

國垚老師是我生命中重要的貴人。他讓我相信自己真的能完成那些我以為我到達不了的目標，只要比別人多2%就可以。

——林幽君，23歲，房務部領班

老師，我很想念您，看到新書就彷彿您仍在我們的面前引領著我們，就像大樹般庇蔭我們這些小花小草，讓我又有了生命的動力和追求夢想的勇氣！

——林宥萱，35歲，行政人員

轉眼間離開校園已三年，最懷念的莫過於課堂上老師分享的生活記錄投影片，換個角度思考，看見的世界的確十分美麗。

——黃瓊慧，25歲，採購人員

在高餐新手村，有蘇老師帶練，以為一切都輕而易舉；正式進入職場打怪，每當熱忱與衝勁快要被衝潰時，翻翻蘇老師的書，就像吃了大還丹般精氣神全滿。

——蔣邦榆，31歲，房務副理

蘇老師愛學生如子女，用心良苦，願其優秀卓越，綻放生命光芒，處處開花！我們視老師為生活、專業與思維並進之良師前輩、頂尖達人。

——陳國信，27歲，華膳空廚餐飲事業部經理

笑容是世上最美的表情，樂觀是宇宙間最神奇的力量！老師總是微笑著，以樂觀的態度循循善誘我們這群不認真的孩子們！

——戴俞榛，30歲，在鄉間開間小餐廳

曾經，我迷惑著，徬徨的看著前方不知何去何從，是老師教會我不要害怕錯誤勇敢嘗試。即使迷惘，也要為生命激出絢爛的火花。

——江品佑，21歲，成大化工系二年級

蘇老師「樂在工作」的態度，把喜樂轉給我們每個學生。他讓我看見夢想，知道自己在做的是有意義的事。很期待這本新書。

——潘春強，25歲，執行長室越南代表

國家圖書館出版品預行編目(CIP)資料

只要比別人多2%就可以 / 蘇國垚著. -- 第二版. -- 臺北市 : 遠見天下文化, 2016.06
面； 公分. -- (心理勵志 ; BBP388)
ISBN 978-986-479-030-2(平裝)

1.職場成功法 2.生活指導

494.35 105010806

心理勵志 BBP388B

只要比別人多 2% 就可以（新版）

作者 — 蘇國垚
採訪撰文 — 王蓉

責任編輯 — 呂靜芬
美術設計 — 三人制創
封面攝影 — 陳之俊

出版者 — 遠見天下文化出版股份有限公司
創辦人 — 高希均、王力行
遠見・天下文化 事業群榮譽董事長 — 高希均
遠見・天下文化 事業群董事長 — 王力行
天下文化社長 — 林天來
國際事務開發部兼版權中心總監 — 潘欣
法律顧問 — 理律法律事務所陳長文律師　著作權顧問 — 魏啟翔律師
社址 — 台北市 104 松江路 93 巷 1 號 2 樓
讀者服務專線 —（02）2662-0012
傳　真 —（02）2662-0007；2662-0009
電子信箱 — cwpc@cwgv.com.tw
直接郵撥帳號 — 1326703-6 號　遠見天下文化出版股份有限公司

電腦排版 — 立全電腦印前排版有限公司
製版廠 — 東豪印刷事業有限公司
印刷廠 — 祥峰印刷事業有限公司
裝訂廠 — 聿成裝訂股份有限公司
登記證 — 局版台業字第 2517 號
總經銷 — 大和書報圖書股份有限公司　電話／(02)8990-2588
出版日期 — 2013 年 09 月 23 日第一版
2023 年 08 月 18 日第四版第 1 次印行

定價 — 380 元
EAN — 4713510943960
書號 — BBP388B
天下文化官網 — bookzone.cwgv.com.tw

天下文化

BELIEVE IN READING